19 世纪末—21 世纪初的欧洲建筑

For Merle and Julia, children of the twenty-first century

本书献给默勒和尤利亚，21世纪的孩子

19 世纪末—21 世纪初的欧洲建筑

[荷兰] 汉斯·伊贝林斯   著
徐哲文   申祖烈   译

中国建筑工业出版社

著作权合同登记图字：01-2012-1774 号

图书在版编目（CIP）数据

19 世纪末—21 世纪初的欧洲建筑／（荷）伊贝林斯著；徐哲文，申祖烈译．
北京：中国建筑工业出版社，2014.5
ISBN 978-7-112-16387-8

Ⅰ．①1… Ⅱ．①伊…②徐…③申… Ⅲ．①建筑史－欧洲－19 世纪～
20 世纪 Ⅳ．① TU-095

中国版本图书馆 CIP 数据核字（2014）第 027120 号

European Architecture since 1890/Hans Ibelings
Copyright © SUN architecture and author, Amsterdam 2011
Originally published as Europese architectuur vanaf 1890 by SUN architecture Publishers, Amsterdam.

Chinese Translation Copyright © 2015 China Architecture & Building Press
The publisher gratefully acknowle dges the support from the Dutch Foundation for Literature
本书经荷兰SUN architecture Publishers出版社正式授权我社翻译、出版、发行中文版；并由荷兰文
学、艺术基金会提供翻译及出版资助

责任编辑：董苏华　孙书妍
责任设计：董建平
责任校对：陈晶晶　赵　颖

19世纪末—21世纪初的欧洲建筑
[荷兰]汉斯·伊贝林斯　著
徐哲文　申祖烈　译
＊

中国建筑工业出版社出版、发行（北京西郊百万庄）
各地新华书店、建筑书店经销
北京嘉泰利德公司制版
北京盛通印刷股份有限公司印刷
＊
开本：787×960毫米　1/16　印张：15　字数：250千字
2015年4月第一版　2015年4月第一次印刷
定价：138.00元
ISBN 978-7-112-16387-8
　　　　（25113）

目　录

前　言

　　建筑、欧洲、20 世纪。这三个概念定义了本书的论述范围。时间跨度延伸至 120 年，建筑类别限制在具有文化特征的建筑物，而地域则包括整个欧洲大陆，从北极到地中海，从冰岛到乌拉尔山脉。

　　本书以跨国家、泛欧洲的视角考察建筑，其灵感得自比较史学的方法。这不是一部国际建筑史，而是欧洲建筑史；它也不仅是对欧洲各国建筑史的一次汇总或缩编，而是尽可能地提供跨区域的概观；以往的研究常常将建筑史按照国别割裂开来，本书力求摆脱这种顽固而昏聩的陋习，书中注重建立联系，呈现各国建筑发展中的平行、类似、有时甚至是相互促进的情形。

　　展示各国建筑发展过程中的类似与平行之处不是难事，难的是将这些情形说明清楚。对于很多发展环节，现在都已无法准确说明它们究竟是在何时、如何产生的，又是怎样逐步演化的。1900 年左右，一个罗马尼亚人设计出的建筑为什么会与西班牙或挪威同时代的作品类似，这可不是容易解释的。因此我能做到的，常常只是描述类似的趋势几乎同时在整个欧洲兴起的过程。不过，这样的描述本身也具有价值，因为其他的研究著作往往将欧洲的大片区域完全弃置不顾。

　　虽然本书力求等量齐观地对待西欧和东欧、欧洲的中心区域和边缘区域，但论述中还是存在显著的不均衡。我借助自己掌握的几种语言，充分阅读各种介绍 20 世纪西欧与东欧建筑的资料；如此得来的知识无疑具有局限性，而本书的不均衡恰恰反映了这一局限。无论涉及的是形式还是理念，介绍西欧建筑的现有文献都远多于东欧建筑；而面对介绍东欧（比如爱沙尼亚、匈牙利、波兰或克罗地亚等国家）建筑的精彩出版物时，由于语言不通，我往往也只能看看插图，记录下人名和年代，然后就只剩颓然兴叹了。这种不均衡不仅存在于东欧与西欧之间，也以略低的程度存在于南欧与北欧之间，对于后一种不均衡，我同样力求克服。假以时日，我希望能够为 20 世纪的欧洲建筑史绘制出一幅更加匀称的图画，本书只是这项工作的一个起点——这么说，丝毫不是故作谦逊。

本书涉及的建筑，限于由建筑师们创作的、展现其文化抱负的作品。作为一个学科，建筑学不仅涵盖建筑物，还包括各种设计、理念及见解；通过从事设计、确立理念、撰写文章和著作、编辑杂志、领导机构、开设课程等林林总总的活动，建筑师能对建筑文化作出非常多样的贡献。而对于建筑学的上述方面，本书只是非常简略地提及。我们论述的重点是实际建筑物，而非建筑学科中那些更易消逝变迁的方面。

　　建成的建筑物结合了形式与内容、风格与理念。法国作家 R·格诺（Raymond Queneau）在《风格练习》一书中令人信服地指出，形式与内容是紧密关联的。换言之，风格并非建筑师、评论家和历史学家通常所说的那种表面现象。风格之重要，不仅在于它汇集了单个建筑师的各种个性表达，而且更在于它体现出很多建筑师共同的见解、理念和理想。不管建筑师们过去是，而且还将继续是怎样特立独行，他们在设计、建造时采取的风格却几乎总是会超越单纯的个性。

　　风格始终是共同信念和环境的表达。而且风格不仅是形式或装饰的问题，它既存在于建筑构造，也存在于配色设计；既存在于建筑的空间性之中，也存在于材料的使用中。正如法国社会学家 M·马费索利（Michel Maffesoli）所说："'风格'，就是一个时代借以界定自身、书写自身、描述自身的东西。"[1]

　　建筑物的形式不仅是某种特定建筑观的产物，而且通常也是对建筑观的明确表达。在建筑学中，有些形式和理念能够留存久远，但在大多数情况下，形式与理念的各种特定结合都相对短命，或者更确切地说，其意义并不长久。哪怕存活期能超出 10 年或 15 年的通常年限，它们也很少能够在这短暂的时间之后持续保持优势地位。

　　历史学家常常轻视风格问题，认为它无关紧要；他们把对风格发展的研究当成老套的艺术史，弃若敝屣。然而我们却主张，与特定风格相关的形式和理念自有其结构性的作用，它们会实际影响建筑师的思想和行为。每种新风格都始自一种创新，一种对主流实践的偏离。而在几年之内，原本的创新就固化为新的风格惯例，形成界定分明的风格纯粹性理念，这种情形也并不罕见。伴随这种从创新到主流的快速转变而来的，往往是一个较为缓慢的衰退期，创新蜕化成晚期风格表现形式；它可能还保持着出色的品质，但大家常会认为这里已经不能呈现新意了。人们总把从创新到主流的转变视为对创新成功的肯定，但也会视其为一个稀释、衰减过程的开始；晚期风格的案例，无论其作品品质如何，则多被视为日暮途穷，不再具有重要性。

　　每当讨论起风格时，有一个问题总会随之而来：一种风格从什么时候开始就能算做是"风格"？简单的回答是：只要风格有了名称，并从既往的、同时的或后来的现象中脱颖而出，那么它真正成为一种风格了。有些风格很快就获得了命名，这往往有相关宣言的作用，而且风格的名称还常以"主义"结尾，比如"齐尼特主义"（Zenitism）；在另外一些情况下，名称过了一段时间之后才浮现出来，比如"批判性地域主义"（critical regionalism）；有时候命名来自事后的考察，比如"传统主义"（traditionalism）这个名字就很少被遵从其理念的人使用，属于此类的还有"装饰艺术派"（art deco）。但是很多建筑在风格上都无法归类，因为它们与惯例性的风格概念之间的差别过于显著。此外，大多数概念并不具备严格的定义，其内涵往往依时间、地点和语言而定。

　　很多风格的名称是到了许多不同的设计方案和建筑之间的类似性足以体现一个共同的理想时才出现的。这种共同的理想很少被明确命名，甚至很难被命名；人们通过从大量个体作品中总结出一系列共有特征，才能推演出这种共同理想的存在。对于一种特定风格而言，能够完全代表它的"理想建筑"并不存在，但是我们可以对属于该风格的多种不同设计手法进行综合归纳，从而确定该风格的特征。

　　虽然我们可以设想，建筑史是由一连串相互取代的风格构成的，但在 20 世纪的任何时间点上，总有若干种风格彼此并存。不同风格之间的差异有时相当大，但如果隔一定距离考察我们就能发现，正如每个风格围绕一个理想而存在，大多数风格也围绕着若干共同主题而存在。因此可以说，整个 20 世纪的建筑史都围绕着"现代"这个概念。

　　建筑史并不只是一连串平凡的时刻构成的，对它而言更重要的是那些彼此联系的关键时刻。在通史型的建筑史论著中，每个建筑师通常只有一个代表作得以展现，或是在一个短暂的阶段中得以论述。这是通史的特性所决定的。几十年的辛勤劳作在历史学家笔下会缩减成若干个能服务于整体论述的时刻，或是特定建筑师最无争议的代表作。查尔斯·伦尼·麦金托什（Charles Rennie Mackintosh）被等同于格拉斯哥艺术学院，奥托·瓦格纳（Otto Wagner）被等同于维也纳邮政储蓄银行，Fritz Höger 等于汉堡的智利大厦，BBPR 就是米兰的维拉斯卡塔楼，如此等等。一些建筑师被化约为少数几个作品的创作者，比如高迪（Gaudí）就剩下了居埃尔公园、几座住宅和圣家族教堂，沃尔特·格罗皮乌斯（Walter Gropius）只剩下了法古斯工厂和包豪斯。当然，也有些建筑师能在建筑史中居于主导地位，其更多的作品、更长时段的创作历程得以展现，这首先包括勒·柯布西耶（Le Corbusier），出于上述原因，他可以被视为 20 世纪最重要的一位建筑师。阿尔瓦·阿尔托（Alvar Aalto）、密斯·凡·德·罗（Mies van der Rohe）、阿尔瓦罗·西扎（Alvaro Siza）、雷姆·库哈斯（Rem Koolhaas）以及赫尔佐格与德梅隆（Herzog & de Meuron）也可归入这类名留青史的大师行列。有趣的是，这些建筑大师中有很多人都以未建项目而闻名，比如勒·柯布西耶那些宏大的城市规划方案（从光辉城市到奥勒斯规划），或是密斯的弗里德里希大街高层建筑方案，以及库哈斯的巴黎国家图书馆设计方案。

　　从这个角度看，可以划分出 4 个层次。首先是从勒·柯布西耶到库哈斯的顶级建筑师。第二类建筑师的人数更多些，他们曾创作出具有巨大影响力的作品（比如格罗皮乌斯）。第三类建筑师的代表作可在建筑史中留有一席之地，这类人数相当多。最后一类建筑师人数最多，他们的职业生涯特定阶段中创作出的一些作品要么是完全吻合于主导潮流，要么是完全违背潮流，并因此也值得一提。这些作品不一定是杰作，甚至也不一定是特定建筑师本人最佳的作品。我们举它们为例，主要是服务于论述，要么作为典型案例，要么作为突出的例外。

　　还有一些建筑师不属于上面任何一个类别，或者说，他们还没有被归入上面的任何一类中。内行人把这些建筑师看成是不知名的英雄。这里包括 Peter Celsing、Kay Fisker、Josef Frank、Giovanni Muzio、Sáenz de Oiza，在东欧则有 Ödön Lechner、Farkas Molnár、Herbert Johanson、Bohdan Pniewski、Marek Leykam、Karel Prager、Nikola Dobrović、Edvard Ravnikar, Ivan Vitić 等人。为了消除对西欧与东欧论述之间的不平衡，上述这些第五类建筑师在本书中得到了特别关注，有一种预言式论调认为"有名者越来越有名，无名者越来越无名"，我们之所以选择更多介绍无名者，也是为了向这种自动实现式的预言发起挑战。

　　每一部建筑史都是对自身时代的一种反思，这当然会带有不可避免的缺陷和局限，但也会有一些优势。本书在插图方面就利用这一优势，书中的大部分插图来自互联网上的公共资源，尤其是维基百科（Wikipedia）和维基公共媒体库（Wikimedia Commons）至为丰富的图片库。很多上传者只留下了生动形象的昵称，但他们的热忱、专业能力和奉献精神为维基百科项目提供了杰出的图片资源；这也让我能够给本书配上大量图片，就连一些在建筑史中仅居边缘地位的建筑物，我也通过网上资源找到了它们的历史图片和近期照片。

　　根据其定义，历史是一门关于过往的学科，这个定义对于本书来说也许特别合适。本书描述的是一个时代中的最后一个世纪，这个时代本身始自工业革命。经历了 200 多年之后，增长和进步（以及它们之间被视为理所当然的重合）正在走向终结。在人口方面、生态方面、经济方面都有日益明显的迹象向我们证明，不仅增长会有极限，而且与增长相关联的乐观进步预设也将遇到终结。欧洲自 18 世纪末开始进入了一个史无前例的人口和经济增长阶段，目前这个阶段已达到了末期，甚或可以说，达到了转折点。空前的人口增长和持续积累的社会财富给建筑领域的革命性发展奠定了宏大的基础。而这一革命现在已到了终结之时。

注释

1. Michel Maffesoli, *The Contemplation of the World. Figures of Community Style.* Minneapolis/London 1996 (orig. 1993),
　　p. xv.

13

第一章
导　论

　　本书是一部 20 世纪欧洲建筑的历史，这段历史中不包括创世意义上的"大爆炸"，其起点也并不与两个世纪的交会点重合（历史年代的划分不能按照世纪的整数年份进行）。本书叙述的历史始自 19 世纪末，结束于 21 世纪初。换言之，本书讲的不是一段"缩短版的 20 世纪史"（1914 ～ 1989 年，这是柏林墙被推倒后流行的一种历史划分方法），而是一部"加长版的 20 世纪史"。如此安排的一个原因，在于如果采取"缩短版"的分期方法，那么 1914 年之前、1989 年之后建筑领域饶有趣味的发展就必然会被忽略掉。而且，无论第一次世界大战对于欧洲历史来说具有多么巨大的创伤性意义，无论铁幕的揭开会对欧洲的未来产生多么深远的影响，这两个事件对于建筑史来说都算不上根本意义上的临界转折点——事实上，建筑史中并没有那么多戏剧性的转折。在民族史和政治史研究中，革命、战争、独立都有精确的日期，与此相比，建筑史上的起点、转折点和终点通常难于确定。建筑史上的各种发展和事件通常循序渐进，没有明确的时间节点，这可能是因为设计从开始到完成总要经过较长时间，更不用说建筑设计与竣工之间的时间跨度了。而且，在建筑史上总会有彼此迥异甚至相互矛盾的发展与事件同时并存，这样一来，任何整齐划一的发展时间表都不太可信。

考虑到上述因素，本书开始的年份 1890 年也不应视为一个精确日期，我们更应把它当作向着 19 世纪末发展的转折阶段划分出的一个粗略标记，在这个阶段，欧洲曾达到全球霸权的顶峰，然后又开始了衰退。在 1890 年，欧洲刚刚度过 1873 年的经济危机，正在收割第二次工业革命（从蒸汽向电力转变）的成果，但"新世界"的经济增长数量级别已经开始超过欧洲。就此而言，1890 年标志着地缘政治的一个转折点。

本书论述结束于 2010 年，并非因为它标志了一个时代的终结，而只是因为本书的写作正好到此时为止。但是，由于欧洲人口数量的收缩，21 世纪初形成了人口发展的转折点，也出现了明确的变革迹象。本段历史的起点完全可以提前（1871年、1848 年、1815 年、1789 年都发生过重大政治事件，可作为备选起点）。大多数现代建筑通史都会以较长篇幅论述 19 世纪，有的甚至论及 18 世纪。本书没有这样做，主要原因是，虽然从政治、经济和社会方面讲现代欧洲的成型发生在更早时期，但是直到 19 世纪末，建筑才获得了它在 20 世纪那样具有特征性的影响范围和重大意义。大规模人口增长、乡村到城市的人口流动加速了城市化进程，从而造就了建筑在现代社会中的意义。在 1850 ~ 1900 年之间，欧洲最大的那些城市以 2 ~ 6 倍的比例扩张。在 1850 年时，人口超过 100 万的欧洲城市只有巴黎和伦敦，但到了1900 年，这样的城市已达到 12 个，再过 50 年则已有 25 个。在 1900 ~ 1950 年之间，很多城市都在以类似速度扩张。城市人口的膨胀给建筑师带来了巨大任务，要让城市容纳所有的新居民实非易事。建筑师的专业活动范围也扩展到了"vom Sofakissen zum Städtebau"（从沙发垫到城市规划）的一切事务，就像德国建筑师 Hermann Muthesius 曾说的那样。

　　由于 19 世纪末欧洲具有强势霸权，因此它对世界的大部分地区都产生了决定性的文化影响，即便在欧洲政治与经济影响衰退的 20 世纪，文化霸权仍然在很长时间内留存。这不仅体现在建筑中，也体现在建筑史编纂中。有很长一段时间，在建筑史著作中，"建筑"和"欧洲建筑"几乎是同义语。即使是现在，大部分通论著作的论域虽然表面上是全世界建筑，但实际上它们主要关涉的还是欧洲建筑，或者说西方建筑，而且无论讨论什么都采取欧洲视角（或者扩大一点来说，就是西方视角）。在最近几十年间，人们意识到这种欧洲中心论和对西方世界过度关注带来的弊端，并且力求加以扭转，在建筑史著作中，一些全新的世界史视角开始谨慎地逐步浮现。

16　　　本书采取的是另一种视角：虽然"欧洲"这个地理界限具有一些内在的限制，但本书只关注欧洲建筑。对于国际建筑文化而言，很难把欧洲从整个世界中孤立出来，而且"欧洲"无论在地理上，还是文化上都不存在毫无争议的严格定义。在殖民地完成的建筑和城市规划、与美洲各处前殖民地之间的交流、在乌拉尔山脉与博斯普鲁斯海峡这些欧洲东部边界地带发生的双向文化沟通，以及奥斯曼土耳其帝国在巴尔干地区留下的深远影响，这些因素（在此只是举出一些典型例子）都会让每一种关于欧洲的理念变得更加复杂。

　　本书将欧洲东部边界设定在乌拉尔山脉，北部边界则至少是北冰洋，因此我们的"欧洲"范围比通常建筑史著作涉及的要广阔得多。一般著作常把欧洲限定在西欧，甚至只是西北欧，而且对中心地区的关注也远超过外围地区。除了前捷克斯洛伐克的功能主义、前苏联的构成主义以及芬兰、匈牙利、斯洛文尼亚和希腊的若干建筑师个人之外，前东欧阵营国家的几乎所有建筑成就都被至今的主流建筑史论著所忽视。本书的雄心就在于，把欧洲建筑当成一种"泛欧洲"现象对待。

虽然本书的主题集中于欧洲，但这不应被视为欧洲中心论。相反，对于以往论著中不言而喻地用欧洲标准衡量所有建筑的惯常做法来说，本书倒构成了一种解脱。我们用欧洲标准衡量的只是欧洲建筑。此外，本书以一个观念作为其基础：存在一种欧洲建筑学，欧洲建筑学的独特意义，与世界其他地方未必有共通性。

欧洲建筑学的一个标志性特征在于，它在很大程度上是一项公共事务。政府和公共机构是主要客户（从 19 世纪以来，它们越来越多地充当这种角色，从而也部分地取代了其他机构，比如教会，在建筑项目中的作用）。而公众，或者说社会，则是建筑的主要使用者。在欧洲漫长的 20 世纪进程中，我们几乎总是可以说设计师与客户（乃至公众）之间存在着一项潜在共识：建筑要为社会而服务，并为社会（有时候——甚至很多时候——还为国家）提供了其自身的表达与形式。这个共识超越了意识形态差异，无论是民主社会，还是专制社会，无论是战后的西方国家，还是原属东欧阵营的社会主义国家，都适用于此。

在欧洲，人们所共知的建筑很多是公共建筑物、公共空间和集体化住宅。这体现出 18 世纪末以来欧洲建筑师就被赋予、其自身也主动拥抱的一个角色：不再（专门）为教会、王室及特权阶层服务，而是首先担任公共领域的设计者，正如 N·佩夫斯纳（Nikolaus Pevsner）在《建筑类型史》[1] 一书的导论中所说。诚然，19 世纪之前的欧洲也修建医院、图书馆、学校、市政厅等公共建筑，但在 19 世纪和 20 世纪，这些建筑类型成了建筑施工的主要产物。这一转型与市民社会及官僚阶层的崛起密切相关，而它们的崛起也让政府的职能和规模发生了转变。与此同时，建筑师的数量迅猛提升，这些建筑师也开始组织起来，将本行业专业化，将培训机构化。

19 世纪为建筑行业的发展奠定了基础，这在 20 世纪的漫长过程中一直传承：建筑师的活动范围变得空前广阔。而时至今天，人口增长在欧洲已经成为昨日之事，我们可以带一点儿戏剧性的夸张色彩说，20 世纪是欧洲建筑发展的巅峰时期。

随着其活动范围的转变与扩张，建筑学变成了一种城市艺术，而公共建筑则是其工作的中心。从建筑师不再将工作局限于重要建筑物，而是越来越经常地承接普通项目，而建筑对日常环境来说也具有了日益重要的意义。自 19 世纪末起，社会性住房和城市规划成为建筑设计的内容，上述效应就进一步增强了。工作场所的设计也日益成为建筑师的任务，不过这些项目更多地是由私人而非公共出资兴建。就连工厂和办公室都要由建筑师来设计，这充分体现了建筑学的领地无处不在。

随着建筑学的活动领域扩展到更多的日常项目中，重要建筑和日常建筑物之间的差别也削弱了，建筑师、理论家、评论家和历史学家这时发现需要定义什么才是真正的建筑，什么则不是。举例来说，1943年，佩夫斯纳就提出了一个著名的论断：林肯大教堂是建筑，自行车棚则不是建筑。[2]

相反，也有另外一种说法：只要是建筑师设计的东西就是建筑。这一定义把大教堂与自行车棚等量齐观。与此类似，荷兰建筑师C·韦贝尔（Carel Weeber）说，只要一件东西有人谈论，就算得上是建筑。说到底，这也就是每种艺术形式的公理性本质：当人们把一件东西当成艺术，它就成了艺术。显而易见，虽然参照的概念各自不同，但这几种说法的核心都是一样的。

虽然用不着划出绝对的区别，但是建筑和普通建造物之间几乎总是有着明显差异。可以把大多数论著论及的建筑视为冰山的一角，那些书没有考察冰山在水下的部分，也没有考察建筑的领域究竟延伸到多远，究竟何时一件东西就会被当成单纯的建造物，不带任何文化抱负（或者说，任何文化上的自我标榜），简而言之，那些书没有考察佩夫斯纳所说的大教堂止于何处、自行车棚起于何处的问题。

不是所有东西都叫建筑，正如并非所有书面的东西都叫文学，即便我们完全可能从文学视角阅读一本吸尘器使用手册。无法在文学作品和普通读物之间划出明确界限，同样，能体现出丰富文化内涵的真正建筑与缺乏文化意图的普通建造物之间的区别，简直也像计算尺的游标一样，是一种连续滑动的尺度。[3]

在这两者之外还有一个第三极，人们通常也把它与真正的建筑对立起来，这就是民间建筑，B·鲁多夫斯基（Bernard Rudofsky）巧妙地称之为"没有建筑师设计的建筑"。把一件东西叫做"建筑"，就是把它与普通建造物截然区分开，这也就立即明确体现出，这个建筑具有文化意义（这里的"文化"一词，采取了比较宽泛的社会学或人类学含义，而不是遵照更狭窄的艺术史或艺术学定义）。正如上文所说，建筑与普通建造物之间的尺度好像是计算尺的滑动游标一样变动不居，而在专业建筑师设计的建筑与未经建筑师设计的民间建筑之间则有截然区分。这里的"建筑"

代表专业性（官方性、学院性、典范性），而根据《世界民间建筑地图集》一书中的定义，"民间建筑"涵盖的是"民众的住所以及其他建造物。根据环境文脉及可用资源，这些建筑通常是使用者或使用社区自己动手建造的，使用的则是传统的建造技术。"[4]

本书追溯佩夫斯纳的脚步，考察"建筑师设计的建筑"的历史，也就是说，在一切设计和建造物中，那些立意和效果都超出了对空间问题的单纯实用解决方案的作品。实际上"建筑师设计的建筑"与建筑师自身的力量影响范围都相对有限，据《世界民间建筑地图集》估测，世界所有建造物中95%都属于民间建筑。欧洲的民间建筑比例应该比其他地区低，但是即便在欧洲，建筑评论家和建筑史学家也只能考察人类建造环境中的一个有限部分。

这个限制体现出建筑史学科的一项弱点：它很难从整体考察人类建造的环境，而只是处理精英文化。S·科斯托夫（Spiro Kostof）的《建筑史》是避开这种弱点的少有几部论著之一，该书前言说，"在建筑与普通建造物之间、建筑学与城市发展之间、高级文化与低级文化之间"没有严格的界限。但是，科斯托夫本人在他的"序言"第一句话中说，他认为该书是一种妥协："这是一本建筑史通论，力求既考察传统的纪念碑式经典建筑，也考察更宽泛、广阔视野中的人类建造环境。"[5]

如果本书作为一部欧洲建筑史必须要有个定位的话，它更接近于佩夫斯纳而非科斯托夫。虽然本书确实尝试用多种不同视角（而非仅仅是西欧视角）考察"冰山"，但它更专注于冰山的一角，而不是整座冰山。在《现代建筑历史编纂学》一书中，P·图尔尼奇奥蒂斯（Panayotis Tournikiotis）得出了这样的结论："现代建筑的系谱学总是从当前开始——这就是说，从叙事的终点开始……系谱证明了其终点存在的理由……实际上，起点成了以终点为基础的重构。"[6]

在一定程度上，这段话也适用于本书，虽然本书并无对某类建筑的意识形态偏好，至少是不存在有意识的偏好。可以把本书理解为站在21世纪初"欧洲一体"的视角进行的一次重构，在这个时刻，虽然仍存在大量差异和对立，但欧洲的政治、经济与文化一体性比以往任何时候都清晰可见。从欧洲一体性的现实出发，本书回顾了铁幕（1946年丘吉尔创造了这个如此生动的说法）给欧洲带来极端分裂的那个时期，当时从波兰什切青到意大利的里雅斯特确实落下了隔绝两个阵营的大幕；此外，本书还回顾了此前的另一个时代，当时欧洲整体或许没有实现一体化，但很大一部分区域都以多种方式在文化上相互联系。而跨国联系与国际联系不仅存在于第二次世界大战之前与铁幕消失之后，即便是在东西欧对立的四十多年间，两个阵营国家的建筑之间还是存在很多平行与相似之处，超越了意识形态上的差异。

冷战的后果之一在于，东欧国家的建筑被很多建筑通史论著忽略了。不仅对于冷战期间建成的建筑是如此，对于此前的建筑也一样。哪怕是 1945 年以前的中欧与东欧具有国际文化影响力，在欧洲分裂的 40 年间，它们也被全然遗忘了。

本书不仅试图对中欧与东欧在漫长的 20 世纪过程中兴建的建筑进行重新估价，而且在更广泛意义上，也力图收录形成在众所周知的若干文化中心之外的各种欧洲建筑现象，从西班牙的圣克鲁斯 - 德特内里费省到罗马尼亚的卢莱亚，从爱尔兰的都柏林到土耳其的安卡拉。

本书由 4 章按年代记述的部分和 4 章按主题论述的部分组成。按年代记述，出于多种显而易见的理由，是这类通史论著的惯用组织原则。年代能呈现出建筑发展中的前后次序和共时性，而按主题论述则能够明确不同现象之间的相互关联，揭示潜在的类似之处。对于按年代顺序的记述来说，这些相互关联常常只能被一带而过，但既然本书的目的在于阐发欧洲建筑的"欧洲"特性，明确现象间的相互关联就至关重要。

注释

1. Nikolaus Pevsner, *A History of Building Types*. Princeton 1979 (orig. 1976), p. 9
2. Nikolaus Pevsner, *An Outline of European Architecture*. London 1990 (orig. 1943), p. 15
3. Niels Prak has described this as a sliding scale between the poles 'practical' and 'artistic': 'The "practical" architect is oriented on service, the "artistic" architecture is creation. ...[A]ll architects claim to be practical and creative ... Also, the transition between one type and another is gradual.' Niels L. Prak, *Architects: The Noted and the Ignored*, John Wiley &Sons, Chichester et al., 1984, p. 14. See also pp. 84-126.
4. Marcel Vellinga, Paul Oliver and Alexander Bridge, *Atlas of Vernacular Architecture of the World*. Abingdon/New York 2007, p. xiii
5. Spiro Kostof, *A History of Architecture*. Oxford 1985, no page number
6. Panayotis Tournikiotis, *The Historiography of Modern Architecture. Settings and Rituals*. Cambridge, Mass./London 1999 (orig. 1985), p. 224

第二章
建筑与城市

　　建筑与城市之间存在着紧密的关联。建筑文化是一种城市文化，对于大多数建筑师来说，城市既是他们居住的地方，也是他们主要的工作场所。建筑和建筑文化在很大程度上是城市的产物；反过来说也显而易见，城市的物质形态主要是建筑创造的。

城市文化在欧洲有很长历史，城市是绝大多数建筑开发的中心。从8世纪末开始，城市发展的趋势不可避免，而建筑文化的快速演进与此相平行，并构成了对此的回应。城市人口的增长产生了对建筑日益增长的需求，在19世纪更促进了专业化分工，建筑师数量激增，建筑教育和协会的建制由此确立，专业化期刊也自此涌现。

欧洲的城市化既体现在大城市数量的增长上，也体现在大城市规模的扩张上。1750年，有两个欧洲城市居民超过50万人（伦敦和巴黎），超过10万人的则有13个（从大到小分别是：那不勒斯、阿姆斯特丹、里斯本、维也纳、马德里、罗马、威尼斯、莫斯科、都柏林、米兰、巴勒莫、里昂和柏林）。到1850年，居民超过10万人的城市已有40个，伦敦和巴黎居民数量突破了100万人大关。到1900年，柏林、维也纳、圣彼得堡、伯明翰、曼彻斯特、莫斯科和格拉斯哥也加入了百万人城市的行列。[1]

虽然建筑文化与城市文化之间存在这样的关联，但城市的规模并不总能直接体现其文化重要性。1900年，伯明翰的规模是布拉格或巴塞罗那的三倍，而从文化方面说，它的重要性则不高于后两个城市。

工业化

欧洲工业化的进展并非整齐划一。英国工业化发展领先，因此首先经历了城市的快速发展，在此阶段，城市底层居民的生活条件如同地狱，他们收入微薄，住房条件远低于标准，膳食质量低劣，身体健康状况也同样糟糕。

19世纪中期，英国人口中一半以上的人居住在人口数量高于5000的城镇中。在法国、德国和瑞典，该比例则分别是19%、15%、7%。只有荷兰和比利时的比例与英国接近，数字分别是39%和34%。某些国家几乎未开展工业化，例如葡萄牙，其城市人口在整个19世纪都稳定保持在16%。到了20世纪初，英国人口的75%已城市化，比利时与荷兰的居民也有半数以上生活在城市中，德国城市人口比例大约为50%。将城市人口按民族划分，可能会产生具有误导性的结果，因为很多城市，

图1
马格鲁大道，布加勒斯特，1938年

尤其是中欧城市，是多民族聚居地。1900 年时，布拉迪斯拉发居民中的斯洛伐克人不到 40%，赫尔辛基的芬兰人只有 50%，[2] 华沙的波兰人也刚超过 60%。[3] 除了向各殖民地和新大陆移民外，欧洲自工业革命开端起就经历了大规模的内部人口流动：在国境线范围内是从农村到城市，在国家之间则是人口涌向各个新工业中心：英格兰、比利时、德国和西里西亚。很多移民只会定居很短一段时间，举鲁尔为例，19 世纪末，这里 70% 的移民（其中很多是波兰人和荷兰人）都不会在此停留超过一年。[4]

工业革命给地表景观与城市留下了深深的疤痕，这一点在 19 世纪尤其明显，但实际上工业就业只在很少国家中占就业人口中的最高比例。英国自 1821 年起、比利时自 1880 年起、瑞士自 1888 年起，工业就业成为最主要的就业方式，但在德国，包括建筑业与矿业的工业直到 1907 年才成为就业人口中最多的产业。而在很多国家，比如阿尔巴尼亚、丹麦、芬兰、希腊、荷兰、挪威、西班牙和南斯拉夫，工业则不是最重要的经济部门。虽然 19 世纪被称为"工业化的世纪"，但事实上直到 20 世纪，工业化才彻底实现。英国的工业就业人口比例在第一次世界大战前达到了峰值（1911 年时达 52%），而除此之外，大多数其他欧洲国家是在第二次世界大战后才达到工业就业峰值，有些国家是在 20 世纪 60 年代中期（荷兰和瑞典超过 40%），有些国家则是在 20 世纪 80 年代中期（葡萄牙在 1982 年达到 37%，保加利亚 1987 年达到 46%）。[5] 虽然存在从乡村到城市的大规模人口流动，但很多欧洲国家都在长时间内仍维持很高的农业比重。在第二次世界大战前夕，13 个国家中的主要劳动力量还属于农业，其中包括阿尔巴尼亚、保加利亚、爱沙尼亚、芬兰、希腊、匈牙利、拉脱维亚、

24

图 2
贝贝尔霍夫大楼，Karl
Ehn 设计，维也纳，
1925~1926 年

图 3
普拉内尔住宅，Josep
Maria Jujol 设计，巴塞
罗那，1923~1924 年

立陶宛、波兰、罗马尼亚、前苏联、西班牙和前南斯拉夫。在葡萄牙、意大利和爱尔兰，超过一半的劳动人口属于农业部门；在奥地利、前捷克斯洛伐克、法国和挪威，这一数字也高于三分之一。[6]

城市化

截至 2000 年，世界人口中的半数居住在城市中，而在欧洲大多数地区，这种情况持续了很长一段时间。很多欧洲人过去和将来都居住在与其他城镇毗邻的较小城镇中。除了一些真正的大城市外（尤其是伊斯坦布尔、莫斯科、伦敦和巴黎），欧洲没有大都市，至少没有亚洲和南美那样的超大城市。

整个欧洲的城市化进程也远非整齐划一。城市的大小、历史、地理位置、气候、人口与经济特点构成了每个城市与众不同的特征，即使彼此紧邻的城市也可以由此相互区分。鹿特丹不同于海牙，根特不同于布鲁日，法兰克福不同于曼海姆，维也纳不同于布拉迪斯拉发。但是，从 19 世纪末开始，一些类似的现象几乎处处可见，

图 5
蒙巴纳斯大街住宅楼，Jacques Bonnier 和 C. Sanlaville 设计，巴黎，1934 年

图 8
记者住宅楼，Giovanni Muzio 设计，米兰，1936 年

图 4
海军将领宅邸，Henri Sauvage 设计，巴黎，1922~1927 年

图 6
卡布鲁塔大楼，Giovanni Muzio、Pier Fausto Barelli 和 Vittorino Colonnese 设计，米兰，1919~1923 年

图 7
住宅楼，Alberto Alpago Novello 设计，米兰，1928~1929 年

图 9
3 栋住宅楼，Gio Ponti 和 Emilio Lancia 设计，米兰，1933 年

其起点是围绕着城市的历史中心进行新区建设，而这也经常导致堡垒和城墙的拆除。清理出来的区域不仅用于兴建新的建筑物，而且也用于修筑环城路或环行公路，作为路网重建及延伸的一部分。而为了新建贯穿全城的道路或拓宽现有道路，常常又要引发对市中心建筑物的拆除。

在以往乃至现今的城市开发新项目中，很大数量是住宅开发。欧洲很多城镇的住宅开发由政府或非营利机构主导，另一些项目则由私营投资者开发。例如，阿姆斯特丹和维也纳的社会性住房开发主要是公共资金支持；而在巴塞罗那等城市，此类项目则主要是私有资金支持；而巴黎的社会性住房开发资金来源则与法国各地一样，是公私两方面的结合，其中很大比例的金额在 1894 ~ 1949 年间由廉居房计划（Habitation à bon marché）支持，其后则由廉租房计划（Habitation à loyer modéré）支持。

20 世纪 20 年代之前的城市扩建大多是基于封闭式的城市规划，街道与广场周边排列着街区。这些街区的建筑呈现出从历史主义到现代主义的多种风格。有时众多街区被设计为一个单一整体，但是外围街区由多座公寓建筑组成的情形也不罕见。

城市街区中可包含商铺、商业建筑、办公建筑、住宅，以及其他建筑，自 19 世纪末，街区开始快速发展，产生了非常多样的形式，从经典的巴黎式公寓建筑到米兰的 20 世纪风格（Novecento）城市建筑（图 7 ~ 图 9），从柏林围合着内部庭院的街区（图 10、图 11），到维也纳城堡式的市政公屋（Gemeindebauten，图 2、图 12）以及哥本哈根的住宅街区。

图 14
华沙老城区，1945 年战后景象（右图），重建后景象（上图），Stare Miasto 设计

图 10
普罗斯考尔大街住宅楼，Alfred Messel 设计，柏林，1897~1899 年

图 11
科特布斯达姆区住宅楼，Bruno Taut 设计，柏林，1909~1910 年

图 12
波利策尔霍夫大楼，Hugo Mayer 设计，维也纳，1926~1927 年

图 13
豪吉尔斯好友聚会屋，Bennett 和 Bidwell 设计，英国莱奇沃思，1907 年

除了市中心开发之外，也出现了郊区化的发展，其特征是建筑密度低、绿化空间多；E·霍华德（Ebenezer Howard）提出的田园城市理念以及 R·昂温（Raymond Unwin）对此理念的实施是郊区开发的重要参照点。田园城市的建筑经常采用现代主义的惯常手法，

图 19
德国，科隆

图 15
德国，明斯特

图 16
英国，考文垂

图 18
荷兰，鹿特丹

图 20
法国，勒阿弗尔

图 17
挪威，博德

图 21
瑞典，魏林比

但关注英国案例的建筑师们则往往选择更为传统的形态，有时直接沿袭英国农舍或乡村住宅风格，有时则将当地民间建筑风格改头换面（图 13）。最初，在郊区居住是城市人口中高阶层人群的特权，但在 20 世纪一二十年代，田园式开发开始兴起，有些修建在市中心或近郊，以中下阶层为目标人群，有些则邻近厂区，专为工人而建。

欧洲城市面貌的变化，成因不仅在于城市延伸，也在于现存市区的再开发。很多城市规划的目标都是适应城市人口发展的规

模和趋势。在 20 世纪 20 年代，开放式小区的理念逐渐浮现，最初主要是出现在乌托邦式的规划方案中，之后也偶尔付诸实践，以往封闭的一些小区由此变成了开放式。

现代化

在第二次世界大战后，很多国家都专注于修复城市的基本结构，有些地方（如华沙、瓦莱塔、马尔德海姆和明斯特，图15）立足于重建原城市。上述城市的重建以原来的城市形态为参照点，虽然并非完全原样复制。在很多城市中，重建被视为

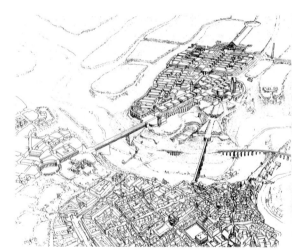
图 27
圣彼得广场方案，莱昂·克里尔设计，罗马，1977 年

图 26
欧洲首都分析和项目方案，莱昂·克里尔（Léon Krier）设计，卢森堡，1978 年

图 22
格罗皮乌斯城，Walter Gropius 设计，德国，1962~1975 年

图 23
小花丘（Väike-Õismäe），M.Port、M.Meelak、K.Luts 和 L.Põldma 设计，塔林，1974~1985 年

图 24
克拉斯诺塞罗区（Krasno Selo），P. Tashev 和 G.Danov 设计，索非亚，20 世纪 60 年代

图 25
奥尔顿西区，伦敦郡议会建筑处，英格兰罗汉普顿，1958 年

实现现代化的机会,例如考文垂(图16)、博德(图17)、利沃诺、鹿特丹(图18)、科隆(图19)和勒阿弗尔(图20)就是如此。在此过程中,传统的封闭式城市形态至少部分地转化为开放式形态,街道和广场这些地方不再被大量建筑围合起来,相反,建

图 31
荷兰,鹿特丹

图 29
舒岑大街,阿尔多·罗西设计,柏林,1994~1998 年

筑物成为被各种空间环绕的自主对象。这也发生在斯德哥尔摩等未经战乱的城市中,现代化进程在 20 世纪 50 年代席卷了这些城市。

29

自 20 世纪 50 年代起,整个欧洲都在进行大规模城市延伸以及卫星城镇规划,实例包括赫尔辛基附近的塔皮奥拉、斯德哥尔摩附近的魏林比(图21)、柏林的格罗皮乌斯城(图22)、索非亚的德鲁伊巴(图24)、大伦敦地区罗汉普顿的奥尔顿区(图25)、巴黎附近的艾

图 30
美因河畔法兰克福

图 28
圣居迪尔地区重建方案,Maurice Culot(城市研究与实践工作室,简称 ARAU)设计,布鲁塞尔,1976 年

弗里和塞尔吉 - 蓬图瓦兹等新城、荷兰的莱利斯塔德等。这些开发项目的特点是开放式的布局,单栋建筑或建筑群的形式重复出现,区域的整体形态既可能是一种严格的几何构图,也可能采取松散的蔓延形式。不像传统的街道和广场,贯穿整个区域的道路并无建筑矗立在两旁;这些区域大多有非常好的绿化,而其中的道路则倾向于与建筑物保持独立关系。

20 世纪 70 年代，城市规划中流行的严格按功能划分空间、强化中央商务区、减少内城人口导致内城功能衰落、无限开发新的延伸区域等做法，受到了质疑和反对，与此相对，传统的城市及城市规划形态重新引起了人们的兴趣。这样的倾向在一些"反潮流运动"中体现出来，比如布鲁塞尔的城市研究与实践工作室自 1969 年开始设计的多个案例（图 28），阿尔多·罗西（Aldo Rossi）关于城市建筑的论述（《城市建筑》，1966），罗布·克里尔和莱昂·克里尔（Rob and Léon Krier）对重建欧洲城市的倡导（图 26、图 27），以及 1984 年在 J·P·克莱修斯（Josef Paul Kleihues）领导下柏林国际建筑展实施的城市修复工作等。欧洲议会曾宣布 1975 年为欧洲建筑遗产年，这也为关于城市及城市建筑的思路转换提供了机会。

图 32
祖耶夫工人俱乐部, Ilya Golosov 设计, 莫斯科, 1926 年

图 33
女王十字教堂, 查尔斯·R·麦金托什设计, 格拉斯哥, 1898~1899 年

图 34
度假别墅, Mackay Hugh Baillie Scott 设计, 英国坎布里亚, 1897~1900 年

在此前几十年的时间里，"新"总被当成"好"的同义词，而喧嚣过后，人们终于开始重新发现历史。除此之外（也部分地与此重叠），从 20 世纪 80 年代早期开始，紧凑型城市的理念作为一种规划开放的扩展型城市的新思路得到了广泛认可。库哈斯在《癫狂的纽约》（1978 年）一书中对拥塞文化的称颂，深刻影响了罗西关于传统城市的著作。紧凑城市的理念强调混合用地、高密度高强度的开发，常用高层建筑的形式，其实例是鹿特丹（图 31）或法兰克福（图 32）的市中心。同样受到这一理念的影响，很多城市（比如伦敦、阿姆斯特丹、汉堡和哥本哈根）对位于城市中心区或近郊的大片旧港口和工业区域进行了重新开发。

差异

整个欧洲的城市开发具有一些可资比较的模式，我们追溯这些模式，但这不意味着城市都千篇一律。国家之间、地区之间存在着不同的城市文化；甚至在同一个国家内的不同城市之间，由于功能、规模和历史的差异，城市文化也有巨大差异。很多国

图 37
圣安东尼乌斯教堂，Karl Moser 设计，巴塞尔，1925~1927 年

图 39
德基夫霍克住宅楼，J.J.P. Oud 设计，鹿特丹，1925~1930 年，

图 35
钱博拉尼酒店，Paul Hankar 设计，布鲁塞尔，1897 年

图 38
塞金纳特伯大桥，Robert Maillart 设计，瑞士席尔斯，1929~1930 年

图 36
白厅画廊，Charles Harrison Townsend 设计，伦敦，1897~1899 年

家的首都规模三倍于第二大城市，其地位在国内无与伦比，集中了全国重要的政治、经济、文化功能。维也纳、雅典、塔林、巴黎、哥本哈根、布达佩斯、布加勒斯特和伦敦是这类巨型首都的典型例子。但也有一些国家，虽然其首都集中了各项重要功能，但至少有另一个城市具备相当的主要地位，这类例子包括瑞典、捷克共和国、斯洛伐克（以及前捷克斯洛伐克）、保加利亚、波兰、葡萄牙、西班牙、俄罗斯（以及 1917 ~ 1991 年间的苏联）和前南斯拉夫。还有少数国家，其重要功能分散在若干个规模和地位都差异不大的城市中：德国、意大利、荷兰和瑞士。[7] 德国和荷兰这样的国家，在国家层面体现出一种亦存于国际层面的现象：一个城市的重要性不仅取决于其自身，还取决于它与其他城市之间的关联与关系。这个现象也体现在从英格兰南部一直延伸到意大利北部的城市化地带，自欧洲工业革命早期开始，这个城市化地带就已经出现。[8] 此外，在哈布斯堡帝国的大城市之间、在斯堪的纳维亚国家与波罗的海国家的大城市及俄国的圣彼得堡之间，也存在这样的网络。

欧洲城市化最彻底的区域，也就是从英格兰南部到意大利北部，并辐射到法国和德国的这一地带，自 19 世纪中叶开始也正是建筑发展的主要地区。虽然有一些明显的例外，比如20世纪一二十年代俄国的先锋派运动，但大多数欧洲建筑的发展都以欧洲西部的上述地区为中心。这也能为以下事实提供一个符合逻辑的解释：绝大多数建筑史学家（尤其是西欧和北美学者）专注于研究西欧，导致在大多数建筑史著作中，西欧的代表性都被过度强调了。[9]

英国在工业化中居于领先地位，在19世纪尤其是潮流先导，不仅在市政工程领域是如此，对于"艺术及工艺运动"（图33～图36）、乡村住宅建筑、田园城市来说也是如此；在这里，市政工程是工业化的产物和结果，后面三者则至少部分构成了对工业化的反动。自20世纪初开始，德国在建筑方面具备了主导地位，这也可以与工业化的发展联系起来，该国的工业化起步晚于英国。一些小国家在20世纪建筑发展中

图40
女子职业学校，Bohuslav Fuchs 和 Josef Poláśek 设计，捷克布尔诺，1929~1930 年

图43
斯特法纳巴托雷格大街住宅楼，Gustaw Weinzieher 设计，波兰卡托维兹，1931 年

图44
索比耶斯基耶格大街雅纳III住宅楼，无名建筑师设计，波兰卡托维兹，1938 年

图42
住宅楼，Erwin Gutkind 设计，柏林利希滕贝格区，1925~1926 年

图41
卡马拉特之家，Salvador Valeri i Pupurull 设计，巴塞罗那，1906~1911 年

也发挥了相对重要的作用——例如比利时（新艺术运动，图35）、瑞士（混凝土结构、功能主义，图37、图38）和荷兰（功能主义，图39）——这同样可以与工业化及城市化联系起来。而虽然法国主要是个农业国，工业化也在那里（尤其是法国北部）扮演重要角色。

人们习惯于把经济发展视为城市化与城市文化的刺激因素，但 J·莫

基尔（Joel Mokyr）近期对英国工业革命的研究表明实际情况较此更为复杂。事实上，文化转型先于工业革命、并伴随着它发生。莫基尔还强调，在历史书的回顾视角中貌似不言而喻的"工业革命"，起初对于英国普通民众的日常生活影响很小，"只有少数关键区域和地区除外"。

变化

在 19 世纪经历快速城市化的欧洲地区不仅局限在从英国到意大利的地带。同样的情况发生在波罗的海周边的城市、维也纳 - 布拉格 - 布达佩斯的三角地带、卡托维兹和周边地区，以及加泰罗尼亚地区，在 1850 ～ 1875 年间，加泰罗尼亚地区的

图 45
拉顿寄宿学校，Bohuslav Fuchs 设计，捷克卢哈乔维采，1927 年

图 46
地方工业学校，Jiří Kroha 设计，捷克姆拉达—博莱斯拉夫，1926 年

工业化发展令巴塞罗那的建筑与市政规划都获得了迅猛发展。工业化助长了城市化，城市化随即助长了城市文化的发展（或者说，助长了多样化的城市文化的发展），而城市文化又提供了激发建筑发展的环境。[10]

从 19 世纪起，城市就成了最具变化的场所，变化不仅存在于触手可及的外在表现与城市形态上，而且还存在于城市所确立的日常生活中，自此时起，产生了较高的社会流动性，生活习惯与生活方式随之不断改变。城市不仅有光明的一面，也有黑暗的一面，城市集中反映出贫困、恶劣生活环境、犯罪、糟糕的卫生条件、流行病、贫富区域隔离和不平等的问题。建筑师、城市规划设计者、政策制定者和政治家所做的绝大多数工作，都致力于解决、消除和控制上述问题。社会保障住房的建设，教育、文化、体育及休闲基础设施的开发，城市公园以及其他绿色空间的建设在以往和当今都产生了多方面的效应：它们不仅是要给自身条件不佳的城市居民带来提

振和解放，而且也要消除城市弊端对更富裕的中产阶级造成的潜在威胁。

　　随着城市发生变化，人口也在变化。城市居民通常比农村人口更倾向于接受变化。文化上的变化，取决于社会中的个体和群体发起变革或接受变革的意愿。诸多传统型社会和现代型社会形成了一条近乎连续的光谱，其中传统型社会中变革意愿较弱，而现代社会的变革意愿强，正如经典人类学模型把传统、农村、集体化这几个概念归在一起，而将现代、城市、个体化归在一起一样。根据同一模型，文化发展的城市化会提高人口识字率，这将让市民变得消息灵通，而由此社会中又能形成更广泛的经济参与和政治参与，对创新的态度也更具有开放性。

　　不仅如此，社会学家对创新的研究表明，社会越偏好创新就越富裕。[11] 在 1800 年以前，全球范围的财富增长速度相对缓慢，但此后欧洲变得越来越富裕。自那时起，富裕国家（北美、欧洲、大洋洲和日本）与贫穷国家之间的差距越来越大。即使在欧洲内部，也存在相当大差异。20 世纪末西欧的人均 GDP 是 19 世纪初的 15 倍，而对于中欧和前苏联来说，人均 GDP 只增长到原来的 10 倍，约达到西欧现有水平的 1/3。[12]

34　体制化

　　20 世纪（及 19 世纪）欧洲进行了大规模建设，其背后的决定性因素包括人口的增长、生产力的提高以及财富的增长。与此同时，出现了建筑行业的专业化，这也是城市化社会中社会变革的一种表现。在这方面领先的还是英国，其标志性事件之一就是专业协会的建立。1834 年，如今的英国皇家建筑师学会（RIBA）的前身就成立了，RIBA 管理的建筑师图书馆与文库也在同时创立。[13] 随后不久成立了爱尔兰皇家建筑师学会（1839 年），荷兰建筑促进会（1842 年）以及比利时一系列地方建筑协会中最早的安特卫普皇家建筑师学会（1848 年）。1850 ~ 1925 年间，类似的专业机构在欧洲各地如雨后春笋般诞生，大多数都是国家级别的，也有一些区域性机构和少数地方性机构。成立协会的部分目的在于倡导建筑文化，但建筑师与同行交往的需求，以及跟进本学科最新发展的需要在这里也起了作用。出于提高专业实践水平的目的，很多这类专业机构都出版自己的杂志，组织讲演和外出活动，有时候还会举办展览，并发起成员间的设计竞赛。这也促进了知识的传播交换。

　　与此同时，建筑教育也经历了专业化和体制化的发展。正如建筑学本身一样，建筑教育也具有悠久历史，一些教育机构年代久远，比如巴黎美术学院的前身皇家绘画与雕塑学院就成立于1648年，而在1754年哥本哈根也成立了丹麦绘画雕塑建筑学院，如今丹麦皇家美术学院的建筑学院可溯源于此。但是大多数建筑院校诞生于19世纪，在有些国家，学院化的建筑教育则是从20世纪才开始的，例如冰岛艺术学院在1999年成立，是欧洲国家最晚的之一。

传统建筑行业中，师徒之间的技艺传授主要发生在日常劳作过程中，这种知识传播方式在19世纪被体制化的建筑教育逐步取代。即使到了20世纪，我们也还是可能找到这样的建筑师：他们从没受过正规培训，要么是通过行业经历、要么是靠自学、要么是取道其他艺术学科，最终进入了建筑设计领域。在很多国家，由于专业门槛的存在，如此入行非常困难，而在现今状况下这几乎是不可能了（对于欧盟国家就肯定是不可能的）。

1842年，代尔夫特成立了培训土木工程师的皇家学院，1847年伦敦的建筑协会也成立了学院，二者是19世纪中叶以来成立的大量建筑院校中的代表案例。对于建筑教育来说，当前仍存在的两种趋向在19世纪时就已很明显了：少数课程由艺术学院开设，而多数课程则具有更强

图47
热带住宅，让·普鲁维设计，巴黎，2006年完成组装，
1949~1951年

图48
泰晤士米德区，大伦敦议会建筑与市政设计处设计，伦敦，
1966~1974年

的技术取向。

伴随着建筑学的专业化发展，专业分工也在不断细化；到了20世纪，建筑学科内部又诞生了若干新学科领域，城市设计、城市规划、室内设计、园林景观设计等专业得到了明确界定。在20世纪中，这些新的专业领域逐步具备了自身的课程设置、专业机构和专业媒体。

图 49
巴塞罗那扩展区

图 50
大军团大街，巴黎

图 51
环城大道（上图）和弗朗茨·约瑟夫·凯伊街，维也纳，大约 1900 年

建筑从业模式

虽然传统的建筑工坊至今仍然存在，而且无论是作为一种实际工作方式、还是作为一种浪漫理念，都还会在相当长时间中延续，但在 19 世纪诞生了现代建筑从业模式。伴随着现代建筑从业模式的诞生产生了专业分工。在一些事务所中，建筑设计与结构设计被视为截然不同的两种任务，由不同的雇员完成，甚至有时会分别承包给不同的事务所。这意味着，虽然建筑师的活动领域在不断扩展，但其工作内容的界定则越来越细。劳动分工专业化是现代社会的一个普遍特征，而建筑学的发展无疑是与此一致的。

但是，也有不少人能将不同专业技能整合在一起，比如佩雷兄弟（the Perret brothers）和让·普鲁维（Jean Prouvé）（图47）就既是工程师又是建筑师，而在20世纪60年代的不少工业化住宅建设项目中（图48），设计则与生产制造结合起来；还有无数建筑师本人也是艺术家，其中最著名的例子当属勒·柯布西耶。

在东欧和前苏联，建筑从业模式出现了不寻常的官僚化，建筑师在国营机构中办公，几乎不可能开设私营事务所。而且，除了建筑师偶尔为自己修建房子之外，也极少有私人客户。很长时间以来，建筑曾是（目前也在很大程度上是）保留给男性的行业；在20世纪的很长阶段中，女性设计师的人数比例很低；目前，建筑学专业中女生比例相当高，事务所中也有越来越多的女性加入工作，但即便如此，杰出建筑师中的女性比例仍然较低。

随着建筑学的专业化发展，也部分地作为这一发展的后果，产生了3个新专业：建筑史、建筑评论和建筑摄影，它们都对建筑在传媒领域的推广以及建筑文化作出了重要贡献。正如Barry Bergdoll在对1750～1890年间欧洲建筑的研究中表明的，建筑赢得了一大批中产阶级公众，他们既是建筑物和建筑环境的使用者，也在隐喻意义上是建筑文化的"消费者"。[14]

37

图54
菲利普·奥古斯特地铁站入口，埃克托尔·吉马尔设计，巴黎，1900年

图52
国家剧院，Hermann Helmer 和 erdinand Fellner 设计，萨格勒布，895年

图53
卡尔广场地铁站，奥托·瓦格纳设计，维也纳，1898年

政府

　　与上述专业化趋势类似的情形发生在市政当局对在建筑及城镇规划领域的管理中。从前，城市中地标性建筑群的兴建大多是按照王公以及其他统治者的指令进行，但在 19 世纪后半叶，政府开始承担这项责任，虽然在 19 世纪中期开始的三大欧洲城市开发项目（分别在巴黎、巴塞罗那和维也纳兴建）中，只有 H·塞尔达（Ildefons Cerdá）的巴塞罗那城市规划（图 49）是由西班牙政府发起的。奥斯曼（Haussmann）的巴黎城市规划是法国皇帝拿破仑三世委托进行的项目（图 50），而维也纳环城大道（Ringstrasse）的规划则是奥地利皇帝弗朗茨·约瑟夫一世发起的（图 51）。塞尔达为扩展区（Eixample）所做的著名规划以对角线形式的街区排列为标志，原本提交给巴塞罗那市政当局 1859 年组织的设计竞赛。市政府更喜欢另外一个规划方案，但是迫于马德里政府的压力，采用了塞尔达的规划。此项目的规划由市政府组织，建设则由私营机构完成，维也纳环城大道和巴黎林荫大道两个案例也大都如此。

　　在若干个中欧城市进行扩建时，维也纳环城大道成为其参照对象。以萨格勒布为例，林荫大道、花园、公园构成了一个绿色的马蹄形网络，填充了市中心与铁路轨道之间的区域，这完全参照了维也纳的范例。也和维也纳一样，主干道两侧排列着各种重要的公共建筑（图 52）。

38

图 55
马雅可夫斯卡娅地铁站，Alexey Dushkin 设计，莫斯科，1938 年

图 57
阿班多地铁站，诺曼·福斯特（Norman Foster）设计，毕尔巴鄂，1988~1995 年

图 59
美式酒吧，阿道夫·路斯（Adolf Loos）设计，维也纳，1907 年

图 60
巴德阿伦莫斯餐馆，Max Ernst Haefeli、Werner M. Moser 和 Rudolf Steiger 设计，苏黎世，1939 年

图 56
主教座堂地铁站，佛朗哥·阿尔比尼、弗兰卡·赫尔格和鲍勃·努尔达设计，米兰，1964 年

图 58
特林达德地铁站，爱德华多·苏托·德·莫拉设计，波尔图，200 年

城市的扩建以及街道和广场的建设都需要市政当局设立完善的组织机构。因此，从 19 世纪中叶起，欧洲各地的城市政府都开始设置市政工程部门，负责城市公共区域（包括街道、广场和公共绿地）的设计规划、设施配备、建设施工及修理维护。在很多情况下，这会导致对公共区域和私有区域的明确区分以及对法律责任的分配；自此以后，公共区域由政府管理成为社会共识。

图 61
大剧院，Hans Poelzig 设计，柏林，
1919 年

图 62
市立图书馆，Gunnar Asplund 设计，
斯德哥尔摩，1928 年

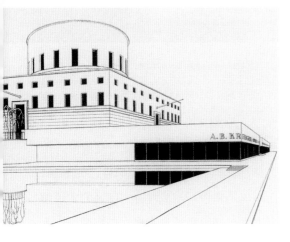

从 19 世纪末开始，城市基础设施在地上与地下大规模扩展：从电车轨道和城市照明，到传输水、燃气、电力的管线，此外在大城市中还有地铁，这通常都被当成建筑项目。这类项目包括 O·瓦格纳（设计了多个地铁站）在维也纳完成的早期案例（图 53），吉马尔（Hector Guimard）在巴黎的设计（图 54），也包括莫斯科在斯大林时代兴建的标志性的地铁站（图 55）以及由 F·阿尔比尼（Franco Albini）、F·赫尔格（Franca Helg）和建筑师 / 图案设计师 B·努尔达（Bob Noorda）设计的现代风格的米兰地铁（图 56），还包括 N·福斯特在毕尔巴鄂（图 57）、苏托·德·莫拉（Eduardo Souto de Moura）和西扎在波尔图做的设计（图 58）。

39

各种全新的半公共区域也得以产生，举例来说，19 世纪欧洲各地兴建了百货商店，这对妇女解放具有积极作用，因为它不仅为女性提供了购物场所，而且还创造了妇女就业的机会。这类半公共区域的例子还包括咖啡馆（图 59）、餐馆及俱乐部（图 60）、健身馆、室内外泳池、剧院及音乐厅（图 61）、公共图书馆（图 62）和博物馆。

理念

城市的建筑形式在不断发展，其中部分是规划的产物，但更多则是各种环境共同造成的非规划产物，因此它不仅作为建筑师的主要工作场所而存在。它同时还是全新建筑与城市规划理念的创生者，并且又充当了这些理念付诸实践后的试验场。很多关于建筑与城市规划的理念都与具体的项目紧密相关，从这些项目直接归纳而来。除此之外，当建筑师们认定既有的理念是不够确切时，他们也总会直接创制新理念，而无需其他动因。这些理念的表达形式可以是理想、

图 66
光辉城市，勒·柯布西耶设计，1922 年

图 67
连续式纪念碑，超级工作室设计，1969 年

图 63
幻想 33 号，亚科夫·切尔尼霍夫设计，1929~1933 年

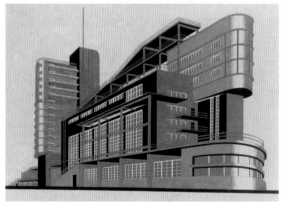

模型、原型，在有些时候还可以是乌托邦。偶尔，当建筑师参加设计竞赛时，他们会选择抓住这个机会锤炼自己的思想，而不仅是将设计当成对特定问题的实用解决方案，这时设计竞赛也会创生理念。此外，当建筑师面对城市在社会、审美、技术或空间方面存在的弊端或问题时，他们或许会给自己设定一些任务，由此进行"无客户设计"；这也是理念产生的一个来源。通常，不能把这样产生的理念视为对具体案例的实用解决方案，而应将之看成一种思路，看成是想象或印象。在这方面，从 Sant' Elia 的"新城"（图 65），Iakov

图 64
幻想 58 号，亚科夫·切尔尼霍夫设计，1929~1933 年

图 65
新城，安东尼奥·圣泰利亚设计，1914 年

Chernikhov 的工业幻想（图 63、图 64），勒·柯布西耶在"300 万居民的当代城市"和"光辉城市"设计（图 66）中体现的夸大欲，到超级工作室（Superstudio）在"连续式纪念碑"设计（图 67）中体现出的反面乌托邦形象以及 MVRDV 的"元城市"（Metacity）设计（图 68），有一种一以贯之的延续性。这些方案从没有实施过，这一事实反而增强了其典范效力。它们作为对理念的概念化表现而存在，并具备在日常现实中永不能获得的纯粹性。除了源自俄国的构成主义乌托邦之外，所有著名的欧洲城市设计典范都在西欧产生。中欧、北欧或南欧诞生的理念很少获得国际反响。

收缩

在过去 200 年间，大多数欧洲城市都经历了持续的扩张。但是，随着人口的老龄化、产业的消亡和经济活力的衰退，目前有一种全新的情况正开始发展，扩张

图 68
元城市，MVRDV 设计，1998 年

不再是规范要求的必然发展方向，城市的收缩在社会上和城市规划中日益成为现实。在多个欧洲国家，人口数量都已经不断下降，因此城市和各种行政区域也相应收缩。农村和村庄的人口减少已持续更长时间，城市收缩则是与此不同的另一发展趋势。目前，城市中心区的人口正在缩减，这发生在德国的萨克森 - 安哈尔特州，发生在俄罗斯除首都之外的无数城市，发生在英格兰北部和苏格兰，也发生在很多边境区域。按照较乐观的预想，一处发生的人口缩减能由另一处发生的增长补偿；实际情况也经常如此，但欧洲人口目前增长缓慢，而移民则被严格限制，因此出现了城市人口的普遍下降，无法再保持"此消彼长"式的平衡。

可以并不夸张地预测：在收缩型和增长型的城市、地区和国家之间将产生巨大的差异；此外也可推断说，收缩将更多发生在首都之外的城市而非首都中，更

多发生在东欧而非西欧，更多发生在外围区域而非中心区域。欧洲人口稠密地区和人口稀少地区之间的差异将在若干层面愈加显著。欧洲城市的收缩将给城市规划带来全新挑战，而规划者已不能沿用以往惯常的方式，通过增加建筑面积来解决一切问题。

42

注释

1. Jean Carpentier and François Lebrun, *Histoire de l'Europe*. Paris 2003 (orig. 1990), p. 565; Andrew Lees and Lynn Hollen Lees, *Cities and the Making of Modern Europe. 1750-1914*. Cambridge 2010 (orig. 2007), pp. 19 and 132
2. Lees and Hollen Lees, *Cities and the Making of Modern Europe*, p. 133
3. Göran Therborn, *European Modernity and Beyond. The Trajectory of European Societies 1945-2000*. London/Thousand Oaks/New Delhi 1995, p. 44.
4. Lees and Hollen Lees, *Cities and the Making of Modern Europe*, p. 53
5. Therborn, *European Modernity and Beyond*, p. 69
6. Ibid., p. 66
7. Ibid., p. 186
8. This zone covers the area that French geographers, headed by Roger Brunet, identified in 1989 as the backbone of Western Europe (and which was subsequently nicknamed 'the blue banana').
9. Joel Mokyr, *The Enlightened Economy. An Economic History of Britain 1700-1850*. New Haven 2010, pp. 2 and 79
10. See Lees and Hollen Lees, *Cities and the Making of Modern Europe* (note 1).
11. Everett M. Rodgers, in *The Diffusion of Innovations*. New York 1983 (orig. 1962), p. 252, adds this caveat: 'Although wealth and innovativeness are highly related, economic factors do not offer a complete explanation of innovative behavior (or even approach to do so).'
12. Jeffrey Sachs, *The End of Poverty. Economic Possibilities of Our Time*. London 2005, pp. 28-29
13. It was founded in 1834 as the Institute of British Architects in London; three years later it received the designation 'royal' and in 1892 it shed the addition 'in London'.
14. Barry Bergdoll, *European Architecture 1750-1890*. Oxford 2000, p. 4

第三章
国家与社会

决定 20 世纪欧洲建筑外在表现的不仅是个体建筑师及其客户，很大程度上还有政府。概言之，所有的国家都要制定政策，确立建设、规划和城市开发方面的各项法规，并由此起到了主导作用。而且，作为住房开发的客户和出资方，国家和地方的各级主管机构也几乎一直扮演着重要角色。政府通常是公路、铁路、给水排水基础设施建设项目的发起者，而与公用事业（比如供电、供水、供气、电信、邮政服务及公共交通）相关的各种建筑物也大都由政府兴建。此外，很多社会、文化、教育、体育设施（从医院、图书馆、文化中心，到学校和游泳池）同样直接或间接地属于国家或地方政府管辖范围。1900 年以前，这些设施只在有限范围内存在，而在不到一个世纪的过程中，它们已经在大范围普及。无论单体项目的建筑质量如何，此类建筑活动的大幅度扩张都给人留下了极其深刻的印象。

这些公共设施建筑的文化意义非常可观，因为它们能反映出一个社会究竟把哪些东西视为至关重要。由此，公共项目成为欧洲建筑的一个主要竞技场。在建筑史著作里占有一席之地的 20 世纪建筑中，很大一部分是公共建筑。虽然别墅、住宅、工厂、商店以及百货商场的建筑价值及建筑史价值不应被低估，但与所有政府建筑及公共建筑相比，上述几类建筑仍属少数；而由政府或半政府机构出资兴建的社会保障住房项目的意义也不可小觑。

公共性与可达性

在人类建设而形成的环境中，很大一部分空间都应归为"公共建筑"，这个概念不应只指涉行政机构和公共机构所占据的那些建筑物，相反，它应该具有双重含义：公共建筑既是社会的产物，又是社会的表达。就其本身而言，建筑是为社会服务的，这里所说的社会可在若干层面理解：从家庭到社区，从行业到公共，从城市到国家。因此，建筑的公共属性就超出了"由公共机构委托建造的公共建筑"这一狭义理解。

图 69
工厂与住宅，埃斯基尔·松达尔设计，斯德哥尔摩附近纳卡地区，1927~1934 年

图 70
巴塔村，František Lydie Gahura 和 Vladimír Karfík 设计，捷克兹林，20 世纪 30 年代

在建筑学中，公共、集体与私有之间的界限并非总能清晰划分，因为所有权和使用权不一定是重合的。有些建筑由公共出资兴建，也具有公共可达性（即对公众开放），比如图书馆。也有些建筑物，由政府委托并出资兴建，但是不对公众开放（或只是部分对公共开放），比如政府部委建筑、监狱以及中央银行。此外，还有一些私有建筑在很大程度上对公众开放，比如百货商场、咖啡馆、餐馆以及展览中心。公有产权和公共可达性不一定总是重合，同样，私有产权也不一定意味着私密性。有些项目在产权上或使用上是半公共的。但是，政府直接或间接参与的建筑项目总被视为公共建筑。同样，那些大部分都向公众开放的建筑空间通常也被视为是公共的，即便其产权其实属于私人。

无论是在城市发展层面，还是在建筑层面，论及社会影响力，私有属性的开发项目都起了很大作用。私人利益和社会利益经常是一致的，举例来说，Eskil Sundahl 1927~1934 年在斯德哥尔摩附近纳卡地区的克旺霍门为瑞典消费合作社（Kooperativa Förbundet）修建的工厂与住宅建筑综合体（图 69）就是如此。这个项目的社会特性并非局限于合作社的雄心，也扩展至其建筑布局。捷克的巴塔鞋厂（Baťa）在欧洲各地修建了很多"巴塔村"（图 70），具有与此相同的特点。作为现代工业社会的微观模型，巴塔村具有一种无法否认的特征，其中表达的社会理想与在其他地方很多由公共出资兴建的项目并无二致。巴塔的主要工厂位于捷克城市兹林，这里是巴塔村一个引人入胜的范例，因为厂主托马什·巴塔（Tomáš Baťa）1923 年当选了兹林市长，在任上举办了一次城市规划设计竞赛，着眼于把这个城镇变成一座能容纳鞋厂未来发展的城市。获胜的规划方案（1933~1938 年，Frantisek Lydie Gahura 和 Vladimir Karfik 设计）在 20 世纪 30 年代中期开始实施。与此类似，Adriano Olivetti 在 1938 年从父亲手中继承了与家族同名的工厂的负责人职位，他短暂地担任了意大利城镇伊夫雷亚的市长，20 世纪 20 年代，其工厂在该地修建了一座建筑综合体，其中包括厂房、工人住宅以及服务设施，负责设计的是当时的几位顶级建筑师（尤其是 Luigi Figini 和 Gino Pollini）。与巴塔村情况一样，商业利益与社会利益在这里高度重合（图 72）。

46

图 71
巴塔鞋店，Vladimír Karfík 设计，布拉格，1930 年

在前苏联以及 1949 ～ 1989 年间东欧的集体化社会中，商业利益与社会利益同样无法区分。20 世纪 60 年代，爱沙尼亚开始兴建集体农场，当时该国还是前苏联的一个加盟共和国；爱沙尼亚农场是在生产场所周边创造生活社区的众多实践中的一个案例（图 73、图 74）。

建筑与社会富裕程度

政府在多大程度上能够决定建筑空间的面貌，这在过去和将来都受到社会富裕程度的影响。一些地区（比如阿尔巴尼亚和爱尔兰）在 20 世纪的很长时间中都缺钱，这些地方的国家和市政当局很少在建设项目中起主导作用。在相对来说更富裕的地区，政府的参与通常更为积极。在很多时期、很多情况下，参与的程度与意识形态及政策有关。如果采取的是一种放任式的自由主义政策（比如 19 世纪末盛行的情形），市政当局往往只制订粗线条整体规划，不密切参与具体项目，也不干涉建筑的实际外观；建筑项目由私人开发商发起。同样，20 世纪末的"自由市场哲学"也把主导角色交给私人开发商。

图 74
水塔和住宅，Lia Uibo 设计，爱沙尼亚万德拉，大约 1975 年

1989 年之前，一些国家中不存在自由市场，几乎所有建筑师都是公务员，为政府工作；而此后这些地方浮现出一种新形式的自由主义，政府管制几乎走向了另一个极端，近年来，有些中欧国家的政府软弱无力，对一些非法的和半合法的建设项目视而不见。当然，非法建设不是中欧国家独有的问题，它在西班牙、意大利和比利时也同样存在。

图 72
意大利伊夫雷亚，20 世纪 30 年代

图 73
集体农庄建设机构的住宅楼，Toomas Rein 设计，爱沙尼亚派尔努，1972~1980 年

东欧和西欧

除了若干可能的保留之外我们可以说，在漫长的 20 世纪中几乎所有欧洲国家里的建筑环境都受到政府的很大影响。在第二次世界大战前，无论是相对民主的国家中，还是在独裁色彩更重的国家都是如此。在 1945~1989 年间，虽然欧洲出现了意识形态的两极对立，但铁幕两侧还是存在明显的类似。当然，在中欧、前南斯拉夫和前苏联，政府在建筑项目中扮演主导角色，在这些国家里，政府负责建设的各类建筑中，有一些是在其他地区通常由私人发起兴建的（比如百货商场，建筑师们在 20 世纪 60 年代和 70 年代承接了大量这类项目）。在西欧，政府在建筑项目中同样扮演主导角色。这个事实可从如下情况体现出来：在战后的英国，50% 的建筑师受雇于政府。

图 77
斯波戴克体育馆，Maciej Gintowt 和 Maciej Krasinski 设计，波兰卡托维兹，1955~1971 年

48

图 78
体育广场，皮埃尔·路易吉·奈尔维（Pier Luigi Nervi）设计，罗马，1956~1957 年

图 75
普里奥尔百货商场，Jan Melichar 设计，捷克奥洛穆茨，1972~1982 年

图 76
普里奥尔百货商场和基耶夫旅馆，Ivan Matušík 设计，布拉迪斯拉发，1973 年

无论是在西欧还是东欧，都赋予了日常公共设施（比如社区中心、体育馆和学校）类似的重要性。对于城市发展和区域规划来说也是如此。而且，在东欧和西欧建筑与城市发展之间的外在差异通常也并不巨大。除了一些具有独特性的个案之外，可以说在东欧与西欧之间出现了相互关联的建筑风格发展，而其设计基础也通常是对于社会与建筑环境的类似理念。甚至可以不夸张地说，对于一边的任何一个项目，

在另一边几乎都能找到一个相应的、相似的或功能等效的项目。至多只存在一个主要区别：建筑项目展开的环境，经济条件究竟是自由市场还是国有经济，设计者究竟是个体建筑师还是政府雇员。在社会主义的中欧国家中，只有一两位建筑师（比如波兰的 Bohdan Pniewski）能拥有自己的事务所，但是即便是在从事集体设计的办公室里，个体建筑师的创作权益通常还是被认可的。

图 79
斯大林大街，柏林，20 世纪 50 年代

社会主义现实主义

只是在 1945~1955 年间，东西欧之间才存在着真正的建筑风格差异，在这期间，东方阵营的建筑师们（尤其是涉及具有重要作用和象征意义的项目时）被要求采用莫斯科指定的社会主义现实主义风格进行设计。这主要是政府要求的一种国家风格，但也具有表达国际社会主义追求的一些普适元素。

社会主义现实主义具有多种地方化版本。在前苏联，社会主义现实主义源自 20 世纪 30 年代初，当时现代建筑设计让位于古典主义风格，后者自 20 世纪 40 年代起增添了日益强烈的学院色彩。在属于社会主义阵营的 6 个中欧国家（分别是波兰、东德、匈牙利、捷克斯洛伐克、保加利亚和罗马尼亚），社会主义现实主义风

49

图 80
马拉达加达学生旅舍，Emil Belluš 设计，布拉迪斯拉发，1954 年

图 81
元帅大街，Stanislaw Jankowski、Jan Knothe、Józef Sigalin 和 Zygmunt Stąpiński 设计，华沙，1951~1952 年

图 83
福斯波尔纳大街 62 号办公楼，马雷克·莱卡姆设计，华沙，1952 年

图 84
波兰议会大厦扩建，博赫丹·普涅夫斯基设计，华沙，1949~1952 年

图 82
国家教育部大楼，Zdzisław Mączeński 设计，华沙，1927~1930 年

图 85
新贝尔格莱德，20 世纪 60 年代

格则是在第二次世界大战后由国家、最终是由莫斯科当局自上而下强加的。建筑师们此时大多是政府雇员，因此别无选择，只能服从于新风格的设计原则。虽然大力推行前苏联的建筑典范，但是每个国家（在前苏联的鼓励下）都力求创造出对社会主义现实主义的本国诠释。

虽然社会主义现实主义是一种全新风格，但是在东欧阵营的每个国家中，它都在风格上和形式上接替了 20 世纪 30 年代（在波兰是 20 世纪 20 年代）的纪念碑式建筑风格。出于种种原因，战前的纪念碑式建筑风格在政治上是靠不住的，在东德就尤其如此，因为这种风格与德国历史上纳粹法西斯的黑暗一页紧密相连。

这也有助于解释，为什么哪怕是从前苏联的角度看，柏林的斯大林大街（图 79，1961 年更名为卡尔·马克思大街）也与前苏联的典范作品过于相似，缺乏德国特色；苏联顾问们曾经建议设计师从 19 世纪的德国大师申克尔（K. F. Schinkel）那里汲取灵感。在东西柏林分割管辖的情形下，斯大林大街不仅是一个建设项目，它是一个样板，用以展现社会主义新型社会，乃至整个东欧阵营能达到的建设成就，与铁幕另一边的西柏林和资本主义世界形成对照。

在波兰这样一个国家，纪念碑风格不带有太多负面色彩；它

图 86
哈雷新城，20 世纪 60 年代

不存在与法西斯相关的历史污点，而在战前，自第二共和国时代开始，波兰就具有深厚的古典式纪念碑风格建筑传统。捷克斯洛伐克在战前是一个现代型国家，建筑也具有鲜明的现代主义风格，而波兰在战前、战后都采取新古典主义的建筑语汇，与自身的近期历史未形成明显断裂。

与战前建筑（比如华沙的国家教育部大楼，1927~1930 年由 Zdzisław Mączeński 建造）相比，很多社会主义现实主义建筑显得并不那么严肃、抽象。莱卡姆的若干战后早期建筑（图 83）以及 Bohdan Pniewski 对华沙波兰议会大厦的扩建（1949~1952，图 84）体现出一种充满现代主义元素的古典主义风格（Bohdan Pniewski 将底层架空柱伪装成普通柱列的手法就是其中一例），并且其轻浮的装饰性也引人注目。

1956 年起，各国开始实施"去斯大林化"，作为政府倡导风格的社会主义现实主义逐渐消失，大多数中欧国家和苏联采取了一种现代主义路线。虽然在当时铁幕益发阻碍自由的文化交流，以至于西欧国家对铁幕另一边所发生的事情的了解和兴趣都在稳步消失，但是通过杂志、书籍、交流活动和会展，中欧国家的建筑师们还是能够跟上西方国家建筑发展的趋势。1948 年创立于洛桑的国际建筑师协会在莫斯科（1958 年）、布拉格（1967 年）、保加利亚瓦尔纳（1972 年）和华沙（1981 年）举办了大会。在其组织的前 15 次大会中，5 次在欧洲之外举行（比如 1963 年的哈瓦那大会），6 次在西欧（比如 1975 年当西班牙独裁政权濒临垮台时举办的马德里大会，1953 年当葡萄牙仍在经济、文化上属于欧洲外围国家时举办的里斯本大会），4 次在东欧阵营国家中；这能够体现出此阶段东欧阵营所具备的影响力（如果不是在文化方面的话，至少在政治领域它们肯定具有举足轻重的影响）。

在 20 世纪 50 年代，虽然文化交流受到了限制，但现代主义形式的建筑和城市开发开始几乎在欧洲每个地方都落地生根。新

51

图 87
哈雷新城中心区模型

贝尔格莱德（图 85）、哈雷新城（图 86、图 87）、在斯德哥尔摩、哥德堡和马尔默进行的城市扩建、法国市郊建设（banlieues，图 89、图 90）以及阿姆斯特丹的贝尔默梅尔（Bijlmermeer）项目之间具有众多显而易见的相似之处。在那个时代里，大规模住宅开发的规划和实施是政府参与进行的最大的项目，而上述几个项目就是其典型案例。虽然项目之间存在种种差异，但各处实施的结果在很大程度上是一致的：开放排列的公寓住宅与塔楼住宅构成街区，周边是公园式环境，既符合开放式城镇规划原则，又具有现代主义风格。

在这里政府的影响同样显著。在对第二次世界大战的损毁进行修复之后，大多数欧洲国家里进行的最大的政府项目就是为了应对人口增长而修建的大规模社会性住房，直到 20 世纪 80 年代这一趋势才告一段落。

住房

虽然自 19 世纪早期起，公共建筑设计就列入了建筑师的专业领域，但直到 19 世纪末，社会性住房作为一种设计任务才开始具有重要性。这种项目既有质的挑战，又有量的挑战，因为它能改善生活环境，为人民大众解脱困苦、接受教育创造条件。社会性住房（或者至少说，社会性住房的法律基础）在全欧洲的出现是 19 世纪后期或 20 世纪早期的事。

在英国，对社会性住房的首次立法始自 1890 年，在法国是 1894 年，荷兰是 1901 年，意大利是 1919 年（图 91）。在奥地利，公共住房的建设始自 1920 年（尤

图 89
古尔蒂耶尔区，Émile Aillaud 设计，法国庞坦，1955~1960 年

图 88
办公楼，Ertuğrul Menteşe 与房地产信贷银行项目组设计，伊斯坦布尔阿塔科伊区，1961 年

图 90
云塔，Émile Aillaud 设计，法国楠泰尔，1977 年

图 91
加巴泰拉大楼，Innocenzo Sabatini 设计，罗马，1920 年

图 92
霍利霍夫大楼，Rudolf Perco 设计维也纳，1928~ 1929 年

图 93
布鲁赫菲尔德大街建筑群，Ernst May 和 C.Rudloff 设计，美因河畔法兰克福，1926~1927 年

图 94
住宅，Erik 和 Tore Ahlsén，瑞典利丁厄，1946 年

其是在维也纳，图 92）；德国各大城市的社会性住房群落（Siedlungen）也几乎在类似时间开始兴建(图 93)，在捷克斯洛伐克，社会性住房的建造在 20 世纪 30 年代开始，而瑞典的"人人住房"作为福利国家建设的一部分从 20 世纪 40 年代开始出现。对于东欧阵营来说，住房和社会性住房也是一项政府事务，尽管在保加利亚这样的国家里，社会性住房的比例从来不大，这一特点在西班牙也一样。由政府补助或政府建造的住房的平均比例，1919 ~ 1936 年间各不相同，在荷兰为 25%，在德国和英国为 40%，这是根据 Elizabeth Denby 在 1938 年的著作《向欧洲提供住房》(Europe Re-housed）[1] 中公布的数据。在欧洲各个国家里，社会性住房存在很大的差异。在有些地方它是一项国家政府项目，但在另一些地方，这则由地方当局或政府支持的相关机构（比如住房协会）来承担。尽管有政府的大力支持，但住房建设很少被视为反映了国家特征，倒不如说它反映的是社会的特征。

社会的模具与塑造物

如果说在国家建筑和社会建筑间有差别的话，那么这一差别在社会性住房最显著地体现出来。即使政府是住房项目的发起者，但这种项目反映的仍是社会问题，最终的服务对象也是社会。一个很好的例子就是 1974 年在葡萄牙发生"康乃馨革命"之后，由地方支持服务计划（Serviço de Apoio Ambulatório Local，简称 SAAL）修建的社会性住房（图 95、图 96）。正如在专制下修建的纪念碑式建筑是独裁专制的国家的典型象征物一样，社会性住房是民主社会的典型象征。为 SAAL 工作，阿尔瓦罗·西扎、Manuel Taínha、Gonçalo Bryne 和 José Veloso 等建筑师实现了一种具有新民主社会性质并为社会服务的建筑。但这种对比并不完全如其本该呈现的那样强

图 95
住宅，阿尔瓦罗·西扎设计，葡萄牙波尔图，1973~1977 年

54　　图 96
住宅，阿尔瓦罗·西扎设计，葡萄牙埃武拉，1977 年

图 97
第三帝国首都柏林规划模型，
Albert Speer 设计，1939 年

图 98
联邦总理宅邸，Sep Ruf 设计，波恩，1964 年

烈，这是因为葡萄牙在萨拉查的独裁专制下也建设社会性住房。尽管如此，展示权力的建筑和在理念上为社会与人民服务的建筑仍然可以划分开来。

第二个区分与上述区分并不完全重合：有些建筑是具体时间、具体地区社会塑造出来的产物，而另一些建筑（即使只是部分地）则被用作塑造理想社会的模具。除了两个短暂的自由主义阶段（集中体现在1900 年和 2000 年前后），在欧洲的大片地区、在整个 20 世纪的进程中，建筑都是社会工程意识形态的一部分。政治家、政府和设计师们在 20 世纪承担的职责格外重大，对建筑环境有着深远的作用。人们对把事情干得更好有着坚定的信心，但是正如瑞典建筑师 Mats Erik Molander 在 20 世纪 60 年代敏锐地指出的那样，这种信心的结果往往只不过是用新错误替代旧错误。

这种对"完美的社会可以实现"的信念不仅能在第二次世界大战的东欧阵营国家找到，无论是在欧洲各处独裁国家中，还是在像法国、丹麦和荷兰这些西欧国家，这种信念也普遍存在。

建筑要么迎合社会需求，要么给社会施加一种理想秩序；这二者经常难以区别，也可能在实现一方面要求的同时兼顾另一方面。但有时二者之间的区别很明显。希特勒德国的许多建筑只能被理解为毫不含糊的权力表达。作为纳粹帝国的首都，施佩尔（Albert Speer）设计的新柏林就是其中一例（图 97）。反之，人们曾说波恩现代主义风格的联邦总理宅邸（Kanzlerbungalow，1964 年，Sep Ruf 设计）具有诱人的质朴，但它也可以被诠释为一个显著的政治象征，代表着当时尚属年轻的民主制联邦共和国（图 98）。尽管思想对立，但这两个案例中的建筑都表达了国家的自我形象和理想：第一个案例体现着等级和秩序，第二个案例则象征着平等和透明。

图 101
国家图书馆，多米尼克·佩罗设计，巴黎，1989~1996 年

图 102
人民大厦，Anca Petrescu 设计，布加勒斯特，1983~1989 年

政府建筑在某种程度上可以同政治制度相联系（虽然其准确程度很少超过"民主"或"专制"之类的宽泛说法），有时则与国家元首紧密相连。这样的例子包括法国总统弗朗索瓦·密特朗在巴黎兴建的宏大工程，例如德方斯大拱门（1983 ～ 1989 年，Johan Otto von Spreckelsen 设计，图 99），卢佛尔宫金字塔（1983 ～ 1989 年，贝聿铭设计，图 100）和以密特朗名字命名的国家图书馆（1989 ～ 1996 年，多米尼克·佩罗设计，图 101）。其中哪一个都不是典型的民主建筑。另一个例子是布加勒斯特的人民大厦（1983 ～ 1989 年，首席建筑师 Anca Petrescu 设计，图 102），它曾是罗马尼亚领导者尼古拉·齐奥塞斯库的府邸，在国家政权变革后有了新的用途，并且很快地消除了原有内涵。

但是，很多政府建筑不能直接与领导人相联系，因为在地方政府的情况下，不可能以个人命名，或者因为不清楚谁是主要倡议人，而且经常也不清楚这样的建筑旨在表现什么。

图 99
德方斯大拱门，Johan Otto von Spreckelsen 设计，巴黎，1983~1989 年

图 100
卢浮宫金字塔，贝聿铭设计，巴黎，1983~1989 年

地方当局的权威性与服务于社会的功能性之间的界限经常也是同样模糊的，很多市政厅既可以看成是当地行政中心所在地，又可以作为城市公民的自豪象征，这充分体现出权威性与功能性之间的含混之处。到了 20 世纪 60 年代与 70 年代，大多数市政厅变成了市政办公室，而失去了它们所有的仪式色彩，而在此之前市政厅几乎一直具有双重功能。这一点能从 20 世纪 60 年代之前建成的很多市政厅看出，比如哥本哈根（1892 ～ 1905 年，Martin Nyrop 设计，图 103）、斯德哥尔摩（1907 ～ 1923 年，Ragnar Östberg 设计，图 104）、荷兰希尔弗瑟姆（1923 ～ 1931 年，Willem Dudok 设计，图 105）、荷兰恩斯赫德（1929 ～ 1933 年，G. Friedhoff 设计，图 106）和丹麦奥尔胡斯（1937 ～ 1941 年，Arne Jacobson 和 Erik Møller 设计，图 107）。

图 106
市政厅, G. Friedhoff 设计, 荷兰恩斯赫德, 1929~ 1933 年

图 107
市政厅, Arne Jacobsen 和 Erik Møller 设计, 丹麦奥尔胡斯 1937~1941 年

人们也许可以在"发号施令"的建筑和"为社会服务"的建筑之间划分界线，但这个区分不总是适用。专制独裁下的建筑的确趋向永恒不朽，而不是朴实无华；走向等级而不是日常化；走向垂直，而不是水平；走向密实，而不是透明。然而在赫尔辛基的芬兰议会大厦（1927 ～ 1931 年，Johan Sigrid Sirén 设计，图 109）作为 1918 年国家赢得独立的骄傲象征，表明即使民主建筑也能拥有令人印象深刻的纪念碑式效果。对于这个案例，佩卡·海林（Pekka Helin）在 2005 年进行了一次不显眼的扩建，让建筑采取了更为谦逊的平庸套路，但也更符合人们心目中民主制度及芬兰人的特点。

图 108
市政厅, Vladimír Fischer、František Kolář 和 Jan Rubý 设计, 捷克俄斯特拉发, 1925~1930 年

图 103
市政厅, Martin Nyrop 设计, 哥本哈根, 1892~1905 年

图 104
市政厅, Ragnar Östberg 设计, 斯德哥尔摩, 1907~1923 年

图 105
市政厅, Willem Dudok 设计, 希尔弗瑟姆, 1923~1931 年

图 109
芬兰议会大厦, Johan Sigrid Sirén 设计, 赫尔辛基, 1927~1931 年

第三章 国家与社会

纪念碑式建筑

多数公共建筑有着多种诠释，唯一含义毫不含糊（或者说，至少在其意图上毫不含糊）的政府建筑，就是纪念碑式建筑。设计它们旨在激励民族意识，保存人们对历史人物或事件的鲜活记忆。这样的纪念碑可以采取雕塑形式，也可以是建筑物，还可以采取景观形式出现。其类型范围从多民族的莱比锡民族大会战纪念碑（Völkerschlachtdenkmal，1913 年由 Bruno Schmitz 设计，系纪念 1813 年俄国、普鲁士、奥地利和瑞典军队反抗拿破仑的战役中的牺牲者而建，图 110），到马德里附近有争议的陨者之谷民族纪念碑（Valle de los Caidos，1940 ～ 1959 年由 Pedro Muguruza 和 Diego Méndez 主持修建，图 112）。"陨者之谷"的建立，主要是为了纪念在西班牙内战中（1936 ～ 1939 年）死去的民族主义者。

20 世纪，欧洲建起了许许多多纪念战斗和阵亡者的纪念碑。经过了相对太平的 19 世纪后，动乱纷呈的 20 世纪有充分理由兴建纪念碑。无论你到哪儿，总有一

些纪念建筑，有些是纪念在第一次和第二次世界大战各个战场上死去的数以百万计的士兵，有些则是纪念在第二次世界大战中丧生的成百万犹太人和其他被迫害的群体。此外，无数较小的战斗情形也催生了纪念建筑。在第一次世界大战的战场上，有许多令人难忘的纪念物，如法国蒂耶普瓦勒的索姆河战役阵亡者纪念碑（1928 ～ 1932 年，由 Edwin Lutyens 设计）（图 111）和杜奥蒙公墓（1923 ～ 1932 年，由 Léon Azéma、Max Edrei 和 Jacques Hardy 设计，图 113），后一处埋葬着凡尔登战役中阵亡的德法战

57

图 110
民族大会战纪念碑，Bruno Schmitz 设计，莱比锡，1913 年

图 111
索姆河战役阵亡者纪念碑，Edwin Lutyens 设计，法国蒂耶普瓦勒，1928~1932 年

图 112
"陨者之谷"，Pedro Muguruza 和 Diego Méndez 设计，马德里，1940~ 1959 年

图 113
公墓，Léon Azéma、Max Edrei 和 Jacques Hardy 设计，法国杜奥蒙，1923~1932 年

士遗骸，他们不分国籍地埋在一起，而早在 1919 年，就有游客开始游览、凭吊第一次世界大战的战场。

第二次世界大战的纪念建筑包括战场纪念碑、屠杀发生地纪念馆（如俄罗斯的马马耶夫山冈兴建了一座巨大的山顶塑像纪念斯大林格勒战役，图 114）、集中营和灭绝营（图 115），以及大量的公墓和博物馆。在这些纪念碑式建筑中，很难明确区分雕塑、建筑与景观。

当历史进程发生改变，许多纪念碑式建筑由于其意识形态内涵而变得富于争议，1989 年后，在东欧集团和各个前苏联加盟共和国，俄国人不再是解放者，而是被当成占领者，此时发生的就是这种情况。前苏联时代在上述地区留下的纪念碑式建筑，有些被推倒，有些则因缺乏修理维护而垮掉，这种毁损过程事实上早在 20 世纪 50 年代就已开始，当时的"去斯大林化"运动造成原本无处不在的斯大林塑像从许多东欧集团国家里的街景中消失。

在这些转折点上，历史总是从胜利者的视角重写，通常引发纪念碑式建筑的大规模拆除。斯大林不是唯一的拆除对象，同样的命运也降临到西班牙独裁者佛朗哥将军的许多纪念碑式建筑和象征标志上。在德国统一后，当局快速决定拆除民主德国议会大厦，即在柏林的共和国宫（Palast der Republik，图 116），情况亦属此类。

在有些国家里，过去的历史并不承载太多的意识形态负担，因而下台独裁者的遗迹有时依然可见。例如，意大利没有清除所有法西斯统治痕迹。为数不多的举措

58

图 114
斯大林格勒战役纪念碑，Yevgeny Vuchetich 设计，伏尔加格勒，1959~1967 年

图 115
亚塞诺瓦茨集中营牺牲者纪念碑，Bogdan Bogdanović 设计，克罗地亚，1966 年

图 116
共和国宫（2008 年被拆除），Heinz Graffunder（首席建筑师）设计，柏林，1973~1976 年

之一是把罗马的墨索里尼广场（1928 ~ 1938 年由 Enrico Del Debbio 设计，图 117）更名为意大利广场。

实际上，拆除并非总是必要，因为纪念碑式建筑所纪念的东西经常经过一两代人就被忘记了。虽然学者对建筑进行了大量图像志和符号象征研究，但许多纪念碑式建筑还是没能完成保存鲜活记忆的任务。纪念碑式建筑的抽象性有时是刻意保留的，如在战后南斯拉夫的二战纪念碑就是如此：在当时，从前的施暴者和受害者、胜利者和失败者都生活在同一个国家，所以建立纪念碑就不是一件简单的事了。因此，人们常常建造较中立的东西，结果这些东西除了自身存在外，并没有纪念什么。

图 117
墨索里尼广场，Enrico Del Debbio
设计，罗马，1928~1938 年

国家认同

和被设计成纪念物形式的纪念碑一样，每个国家都有一些历史纪念碑，为民族国家的集体记忆赋予持久长存的形态。20 世纪对待历史和艺术纪念碑式建筑的态度，与 19 世纪中民族国家意识和各民族文化认同的发展相一致。[2] 民族国家的历史暗含在建筑环境本身中，也暗含在这个环境中既往发生的事件中。对于民族国家遗产的养护有两个目的。一方面是为了保护本国公民的纪念场所（lieux de mémoire）；另一方面，也是一种向外界展示自己文化独特性的手段。纪念碑式建筑和旅游间的联系一直很重要。明显的样例就是西班牙的古堡酒店（paradores），可追溯到 20 世纪 20 年代，而其葡萄牙模仿者（pousadas）则可追溯到 20 世纪 30 年代。这些酒店要么建于历史遗产建筑（如城堡和修道院）之中，要么是修建在自然景观内独特景点上的全新建筑（通常采取地区或国家建筑风格）。为景观兴修纪念碑式建筑也是 20 世纪 60 年代希腊旅游建筑的一个主题，此外的典型案例有 César Manrique 为西班牙兰萨罗特岛黑色火山景观设计的传统白色建筑（图 120）。20 世纪 20 和 30 年代，意大利在殖民地利比亚也采取同样的策略，在那儿，北非历史和现代意大利建筑双倍地吸引游客。

保护遗产和培育历史意识的双重作用还表现在露天博物馆

上，如在哥本哈根的露天博物馆（Frilandsmuseet，1901 年）、斯德哥尔摩的斯堪森博物馆（1896 年，图 121）、阿纳姆的荷兰露天博物馆（1912 年，图 122）以及丹麦奥尔胡斯的老城露天博物馆（1914 年）都是典型案例。

国家通过建筑展示自身的另一个场所是国际展览会，它从 19 世纪中叶以来就常常举办，其首创者是伦敦海德公园举办的 1851 年博览会，Joseph Paxton 为展览设计并建造了著名的水晶宫（图 124）。从本质上说，国际展览会的主旨就是展示参与各国的进步和发展（通常呈现于其自身的历史和文化语境中）。这些展示往往置于专门设计的展馆内。特别是 20 世纪早期，展馆设计师经常试图通过参照民族风格和地方建筑传统来体现展览的国家性质。这和全欧洲对民族风格的搜集不谋而合，这种搜集工作在 19 世纪形成了浪漫派的民族主义思潮，并在 1900 年左右引发了对民俗和民间建筑的重新评价。在多数情况下，正如 Ákos Moravánszky 指出的，人们搜求、

图 118
古堡酒店，西班牙龙达

图 119
圣马林尼亚达斯科斯塔酒店，葡萄牙吉马良斯

图 121
斯堪森露天博物馆，斯德哥尔摩，1896 年

寻获其民族文化根源的地方是"偏僻的、多山的地区，他们将这些地方奉为蕴藏着民族认同的圣殿。民族崇拜的核心地区总是围绕着神话传说：芬兰人的卡雷利亚、瑞典人的达拉那、加利西亚波兰人的扎科帕内、捷克人和摩拉维亚人的斯洛瓦茨克、匈牙利人的卡罗塔采戈"。

图 120
Jameos del Agua 俱乐部的游泳池，César Manrique 设计，西班牙兰萨罗特岛，1968 年

图 122
荷兰露天博物馆，阿纳姆，1912 年

图 123
老城露天博物馆，奥尔胡斯，1914年

图 124
水晶宫，Joseph Paxton 设计，伦敦，1851 年

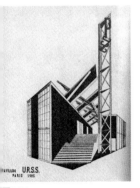

图 125
国际装饰艺术和现代工业展览的苏联馆，康斯坦丁·梅尔尼科夫设计，巴黎，1925 年

图 126
国际装饰艺术和现代工业展览会德国馆（左图）；Boris Iofan 苏联馆（右图），阿尔贝特·施佩尔设计，巴黎，1937 年

法国地方建筑是这类情况的一个稍经变化的版本，这些建筑一直存留到第二次世界大战之后，从诺曼底和巴斯克乡村一直到阿尔卑斯山和阿尔萨斯地区，而且经常被巴黎建筑师或者在巴黎受训过的建筑师采用。对本民族和地区特异性的乡愁眷恋，是历次传统主义运动中不断再现的主题。传统主义运动兴起于 20 世纪，尤其是在欧洲西北部。乡愁的主题在非常不同的多种环境中不断重现，形成了人们所说的"批判性地域主义运动"[3]，此现象在瑞士南部、葡萄牙和丹麦尤为多见。对此而言，爱国情绪基本不起作用。

61

　　直到 20 世纪 20 年代，国际展览中的国家馆经常将各国的传统民俗装扮成新内容展示给世人。然而，此后的设计师日益求助于当代建筑表现手法，力图呈现社会的现代性。1925 年康斯坦丁·梅尔尼科夫（Konstantin Melnikov）为巴黎国际装饰艺术和现代工业展览设计的苏联馆（图 125）以及 1937 年 Jaromír Krejcar 为 1937 年的展览设计的捷克斯洛伐克馆（图 127）是两个最突出的例子。在有些场合，国家的宏伟气度由展馆努力营造出的纪念碑氛围充分表达出来，正如 1937 年巴黎国际展览会中德国馆和苏联馆竞相体现的那样（图 126）。国际展览是国家之间比拼建筑实力的场所，另一个这样的地方是大量的国内展览，这

图 127
捷克斯洛伐克馆，国际装饰艺术和现代工业展览会 Jaromír Krejcar 设计，巴黎，1937 年

图 128
瑞典手工业协会展览会，Gunnar Asplund（首席建筑师）设计，斯德哥尔摩，1930 年

图 129
伊韦尔东 02 展览会模糊楼，Diller & Scoifidio 设计，瑞士，2002 年

62

图 130
葡萄牙世界展览会，José Ângelo Cottinelli Telmo（首席建筑师）设计，里斯本，1940 年

图 131
全苏农业展览会，Vyacheslav Oltarzhevsky（首席设计师）设计，莫斯科，1935~1939 年

里也可以展示国家意识，不过面对的主要是国内观众。瑞典工业设计协会（Svenska Slöjdföreningen）1930 年在斯德哥尔摩举办了大型展览，任命 Gunnar Asplund 为首席建筑师，充分呈现出瑞典的现代化成果（图 128）。而 1883 年以来在瑞士举办了 6 次国家展览（最近的一次是在 2002 年），其不可否认的意图在于激发瑞士国民的自我觉悟（而非其他，图 129）。

另一个向国内人民宣传的例子是 1940 年里斯本举行的葡萄牙世界展览会（图 130），它旨在给独裁者萨拉查治下的新国家（Estado Novo）增光添彩。罗马西南部的 EUR 区本想成为 1942 年法西斯统治 20 周年纪念的舞台，但因战争原因没能举办。战争也让莫斯科举办的全苏农业展览会停办。这个展览在 20 世纪 30 年代就开始筹备，直到 1954 年，才带着社会主义现实主义的无上光荣以胜利者的姿态完成（图 131）。在第一次国际展览会举办 100 年后的 1951 年，英国举办了"英国节"，这对仍处在第二次世界大战后恢复过程中的英国社会是一种激励。在第二次世界大战结束后的第 5、第 10、第 15 和第 20 年，鹿特丹举办了规模不那么铺张的 4 次展会：Ahoy'、E55（图 133）、Floriade 和 C'70。

建筑计划

国家意识也在其他不太正式的层次上得到提高，虽然宣传不一定是主要目的，然而每一种形式的国家建筑最后都能收到宣传的效果。一个重要的例证是意大利1922～1943年间实行的系列法西斯式建筑计划。法西斯组织渗入国土最远的角落，因此通过给这些法西斯组织兴修建筑，新秩序就必然地成形了。这类建筑的质量通常也很优越，非常有助于政权赢得人心。8～14岁的孩子放学后在法西斯之家（Casa del Fascio）、刀斧手宫（Palazzo Littorio）、假日营地和巴里拉之家（Casa del Balilla）等地方受训，被改造成"平民士兵"，因此这些建筑具有双重效应。它们既是墨索里尼政权和他的主张的工具，又是其象征。墨索里尼认为意大利的生活应该完全由法西斯主义支配，并献身于法西斯主义；其口号是："一切都在国家之内，没有什么在国家之外，没有什么能反对国家"（tutto nello Stato，niente al di fuori dello Stato，nulla contro lo Stato）。

图132
罗马环球展览会（EUR），罗马，1942年

尽管不可能把既存城市的整个结构按法西斯模式重铸，但这一点确实可能在新的居民区做到，例如在罗马南部的Pontine Marshes居民区（包括Littoria/Latina区和Sabaudia区）、在撒丁岛（卡尔博尼亚）、在占领区，如伊斯特拉半岛（Arsia/Raša、Pozzo Littorio/Podlabin）以及罗得岛。概要布局以法西斯之家和市政厅为重点，以教堂为背景，建筑上则采取"刀斧手风格"的现代主义，这样一来，法西斯主义的社会哲学可以不受既存建筑的限制而得以实现。同样的情况也出现在殖民地利比亚和阿比西尼亚（埃塞俄比亚1947年以前的旧称），甚至出现在墨索里尼的出生地普雷达皮奥，这个地方从一个不起眼的小村庄一跃变成了一座典范的法西斯式城镇。

63

图133
E55展览海报，鹿特丹，1955年

除了这些理想的类型外，法西斯主义也可以在日常环境里表现出来，例如作为装饰物，在邮局和火车站公开放置法西斯笞棒和以1922年为新纪元起始年的日历徽章。

"建筑是否可以有法西斯性质"，这个问题经常被否定回答，尤其是当涉及现代建筑时。但当时的建筑师和客户确实认为建筑

图 134
法西斯之家，朱塞佩·特拉尼设计，
意大利科莫，1932~1936 年

图 135
刀斧手宫，Raffaello Maestrelli 设计，
意大利蒙泰瓦尔基，1937~1939
年

应该成为法西斯主义的一个象征和表现，这一点不容置疑，因而就此而言，法西斯建筑确曾存在。

邮局建设计划并非是战前意大利独有的，它在很多欧洲国家（包括民主国家）都存在，通常单纯是为了满足对邮政服务基础设施的需求。邮局的建设让即便是最小的行政区划中也有了政府的存在——而

图 136
巴里拉之家，Luigi Moretti 设计，
罗马，1933~1936 年

图 138
20 世纪 30 年代，意大利利托利亚
（现今的拉蒂纳）

图 137
巴里拉之家，Manlio Costa 和 Giovanni Dazzi 设计，意大利拉斯佩齐亚
1934~1936 年

这一点通常只有次要的重要性。建筑是公共服务的一部分，对它来说，醒目是一种应该得到的但不常明显要求的特性。宏伟的建筑风格充其量为邮政总局和邮政储蓄银行的总部机关保留着（原先邮政储蓄银行是为穷人开办的）。这方面的例子包括维也纳的邮政储蓄银行(1903 ～ 1912 年，奥托·瓦格纳，图 139)、奥斯陆的邮政大楼(1913 ～ 1924 年，R. E. Jacobsen 设计，图 140)、罗马邮局（阿文提诺山的马莫拉塔大道上，1933 ～ 1935 年，由 Adalberto Libera 和 Mario De Renzi 设计，图 141)、荷兰乌得勒支邮局(1923 年，G.C. Bremer 设计，图 142)、布达佩斯的邮政储蓄银行(1899 ～ 1901 年，由 Ödön Lechner 设计）和邮政总局 (1940 年，由 Gyula Rimanoczy、Lajos Hidasi 和 Imre Papp 设计，图 144) 以及贝尔格莱德邮局(1935 ～ 1938 年，图 143)，最后一个项目的设计者是在塞尔维亚开业的俄国移民建筑师 Vasilij Androsov。

图 140
邮政大楼，R. E. Jacobsen 设计，奥斯陆，1913~1924 年

图 142
邮局，G.C.Bremer 设计，荷兰乌得勒支，1918~1924 年

图 143
邮局，Vasily Androsov 设计，贝尔格莱德，1935~1938 年

图 139
邮政储蓄银行，奥托·瓦格纳设计，维也纳，1903~ 1912 年

图 141
邮 局，Adalberto Libera 和 Mario De Renzi 设计，罗马，1933~1935 年

国家建筑

用石头来表现一种社会典范的做法不仅限于法西斯意大利，它也出现于 1923 年在凯末尔领导下建立的土耳其共和国、在 20 世纪 30 年代到 60 年代萨拉查统治下的葡萄牙，还出现在 20 世纪 30 年代的瑞典，当时处在完全不同的政治背景下，通过建筑来实行一种新的社会模式的愿望在兴起。

图 144
邮政总局，Gyula Rimanóczy、Lajos Hidasi 和 Imre Papp 设计，布达佩斯，1940 年

土耳其处于欧洲边缘地带，在凯末尔主义的建设中，社会的现代化清楚地反映在现代主义建筑上。现代主义风格主要是从外部输入的，大多由说德语的设计师们从德国、奥地利和瑞士（比如由瑞士建筑师 Ernst Egli）引入的。在建筑和市镇规划实践中以及在教育中，Egli、Clemens Holzmeister、Paul Bonatz 和 Bruno Taut 对于现代主义在土耳其的传播起了至关重要的作用，这方面在首都安卡拉尤为明显（图 151 和图 153）。

图 145
邮电局，Adolf Szyszko-Bohusz 设计，波兰琴斯托霍瓦，20 世纪 30 年代

图 147
银行支行，Stanislav Filasiewicz 设计，波兰（地点不详），大约 1930 年

图 149
税务局，Wacław Krżyźanowski 设计，克拉科夫，20 世纪 30 年代

图 146
银行支行，Stanislav Filasiewicz 设计，波兰别尔斯科—比亚瓦，1927~1931 年

图 148
邮电局，A. Miszewski 和 Julian Puterman 设计，格但斯克，20 世纪 30 年代

图 150
地区政府大楼，Stanisław Piotrowski 设计，卢布林，20 世纪 30 年代

图 151
土耳其议会，Clemens Holzmeister 设计，安卡拉，1938~1963 年

　　在欧洲之外，但仍在欧洲影响的范围之内，上百位有着犹太背景的欧洲建筑师（主要来自中欧）对巴勒斯坦的建设中作出了重要贡献，最有名的成果是特拉维夫的现代化。苏联式的社会主义社会，部分在欧洲内部，部分在欧洲外部，以全新的建筑类型塑造着这个全新的国家：工人俱乐部、给能想得到的所有居民群体（从钢铁工人到秘密警察成员）提供的集体住房、文化宫、研究所、所有全新政府机构的用房，以及纪念碑建筑。《苏维埃建筑 30 年》一书最早是用俄文在 1950 年出版，其导论的未署名作者写道："在 1917 ~ 1947 年这重要的 30 年间，苏联建筑已经成为苏联居民生活中极其重要的一部分。我们整整 30 年的实践，都献给了劳动人民生活环境的彻底改变，献给了城市的康复，献给了改善城市布局、城市规划设计、城市景观与技术设施的工作。关心人民的斯大林主义思想对苏联建筑是一个关键性的创造性起

图 155
列宁博物馆，E. Rozanov 和 V.
Shestopalov 设计，乌兹别克塔什
干，1970 年

点，这思想已经渗透到整个新建设活动中，无论是住房项目、社会
建筑还是文化生活建筑，无论是古代城市废墟的重建，还是新型社
会主义城市的建设。"[4] 且不提斯大林政策对城市人口的影响，也不
管上述语句中的宣传色彩，这一段的基本理念即"全新的政权在建
筑环境中成形"是很清楚的。

这也是 1918 年获得独立的爱沙尼亚在短暂的时间里曾贯彻的理念。该国的新建
筑也许并不像苏联和土耳其一样，明确怀有塑造社会的目的，但它肯定有助于形成
新国家的公众形象，这一点在《爱沙尼亚建设 20 年，1918 ~ 1938 年》一书中清楚
地表明了；该书宣传独立 20 年来的建设成就，考察了 1918 年以后建成的建筑对这
些成就的反映，但并未明确寻求民族风格。[5] 在这方面该国可与爱尔兰相提并论。正
如 Séan Rothery 曾写的那样："虽然 1922 年获得了独立，但新生
的爱尔兰自由国家并没有给自己匹配一种民族建筑风格，而是从
一开始就悄悄地、但又积极地支持具有国际形象的爱尔兰。"[6] 在
第二次世界大战后，爱沙尼亚和立陶宛、拉脱维亚一起并入苏联，
因此在该国也与其他华约国家一样，出现了把社会主义整合到社
会与建筑环境中的过程。

在把建筑用作塑造民族之媒介的国家里，在表现独特性（不
管是社会主义、法西斯主义、凯末尔主义、还是只是独立）和表
现当代特征之间经常存在细微的平衡。例如在法西斯意大利，建
筑师寻求表现意大利特征（italianità）和拉丁特征（latinità）的当

67

图 152
戏剧院，Paul Bonatz 设计，安卡拉，
1933~1948 年

图 153
伊斯梅特帕撒女子学院，Ernst Egli
设计，安卡拉，1928~1930 年

图 154
第五船闸，B.D.Sawitzki 和 J.A.
Kuhn 设计，莫斯科运河，1937 年

代手段。在亚洲的各个前苏联加盟共和国里，虽然莫斯科强调建筑必须体现社会主义制度，但当地政府仍然力求在其中融入地方色彩，这样的实践在 20 世纪历程中曾长时间存在，其典型案例是塔什干的列宁博物馆（1970 年，E. Rozanov 和 V. Shestopalov 设计，图 155）。独特与当代之间的双重性，反映出国家认同的双重面貌；无论如何，在 20 世纪欧洲国家的建筑中，独特性有助于突出一个国家与其他国家之间的差别，而当代性则强调一个国家至少是跟上了其他国家的步伐。

在大多数欧洲国家里，在第二次世界大战前比大战后更偏好宣传国家的形象及其伟大历史。这主要存在于那些专制独裁政府的国家里，例如西班牙和葡萄牙。在 20 世纪 40 年代和 50 年代，萨拉查统治下的葡萄牙进行了政府机构大楼的建设，这些建筑往往以"柔软的"葡萄牙风格形式（一种对葡萄传统建筑的抽象诠释）来绕道历史以肯定国家形象，而其风格有时会转向装饰性和现代主义。从葡萄牙的大陆城市瓜达，到马德拉群岛和亚速尔群岛的蓬塔德尔加达，这些社会标志物在城市中心区星罗棋布，市政厅、邮局、电影院、储蓄银行、中学、交易厅，有时甚至法院，所有这些地方都呈现同样的葡萄牙风格。在像科维良这样的外省城市里，许多这样的建筑物形成一个组合，与一些意大利新城中的建筑群非常类似。

最充分地以纪念碑形式表现葡萄牙国家政权的建筑（字面意义的纪念碑式建筑除外）是以下几个案例：里斯本的高等技术学院（1927 ～ 1935 年，由 Porfírio Pardal Monteiro 设计，图 160），同一位建筑师的里斯本大学扩建工程（1955 ～ 1961 年），而其中最突出的则是萨拉查的母校科伊姆布拉大学（Cottinelli Telmo 在 1942 年设计，但直到 1975 年即"康乃馨革命"后一年才落成，图 158）。

虽然在专制独裁统治下用建筑塑造国家的意图通常非常明

图 156
蓝色圆顶咖啡馆，V. Muratov 设计
乌兹别克塔什干，1970 年

68

确、毫不含糊，但相同的现象有时也出现在民主政治的建筑中。这一点没有哪个地方比在瑞典更明显的了，在这个国家中，民众之家（Folkhemmet）的理念在 1928 年由社会民主党领袖、后任首相的 Per Albin Hansson 引入，它把社会概括为一所房子，住在里面的人和睦相处、互相照顾。这一理念为战后瑞典的全民福利国家奠定了基础。这样的国家在资本主义和共产主义之间提供了一条中间道路。瑞典社会具有鲜明的集体特征，长时期来，该国最大的和最重要的建筑公司是"瑞典消费合作社"。1924 ~ 1958 年，这家公司由 Eskil Sundahl 领导，它的主任建筑师之一，就是 Erik Ahlsén，直到 1937 年他和他的兄弟（后者曾为 Gunnar Asplund 工作）成立了自己的公司。"消费合作社"负责康苏姆连锁杂货店（图 161 和图 162）、百货商店和餐馆，也负责工厂和仓库、住房计划和好几个属于合作社的文化中心。

图 157
列宁艺术宫, N. Ripinsky、
Ukhobotov、Y. Ratushny、V. Kim
V. Alle 设计, 哈萨克斯坦阿拉木
, 1970 年

图 158
科伊姆布拉大学, José Ângelo
ottinelli Telmo 设计, 1942~1975

图 159
眩晕广场, Luís Cristino da Silva 设计,
里斯本, 1938~1949 年

图 160
高等技术学院, Porfírio Pardal
Monteiro 设 计, 里斯本, 1927~
1935 年

瑞典的民众之家政治计划引起了对住房问题重视与关注，这在 20 世纪 60 年代形成高潮，制订了"百万计划"（Miljonprogrammet），不仅如此，它还造就了第二次世界大战后遍及该国的社会设施和文化设施的建设。最早的样例之一是在阿斯塔（按照英国居民社区规划原则建立的斯德哥尔摩郊区，这种

规划原则系一种战前理念，1945 年后也在荷兰引起共鸣）的社区中心（1943 ～ 1953 年，Erik 和 Tore Ahlsén 设计，图 163）。还是这两位建筑师后来设计了厄勒布鲁社区中心（1957 ～ 1965 年，图 164）。从 20 世纪 50 年代以来，瑞典各地都建成了多功能文化中心，其中最佳案例是斯德哥尔摩文化中心，它与瑞典银行大楼一起形成了一个整体（1966 ～ 1976 年，Peter Celsing 设计，图 165）。

文化传播

瑞典的文化传播政策并非独一无二，其他很多欧洲国家也在忙于大规模地建设类似设施。其佼佼者当属法国；该国的文化部长马尔罗（André Malraux）于 1959 年制订了文化传播政策，此政策的一项重要内容就是建设大批文化之家（Maisons de la Culture）。有些文化之家设在新建筑内，比如亚眠（1959 年，Sonrel、Duthilleul 和 Gogois 设计）、菲尔米尼（1965 年，勒·柯布西耶设计，图 167）和格勒诺布尔（1967 ～ 1968 年，André Wogenscky 设计，图 168）就是如此；另一些文化之家则设在现有的建筑物内，比如布尔日的文化之家属于此列，它把 M. Pinon 在 1938 年修建的民众之家（Maison du Peuple）改为文化设施之用。该项计划在马尔罗辞职后仍然继续进行，比如勒阿弗尔的文化之家（1972 年，由奥斯卡·尼迈耶（Oscar Niemeyer）设计，图 169）就是此后建成的。

图 163
阿斯塔中心，Erik 和 Tore Ahlsén 设计，瑞典阿斯塔，1943~1953 年

图 164
厄勒布鲁社区中心，Erik 和 Tore Ahlsén 设计，瑞典，1957~1965 年

图 161
康苏姆商店，消费者合作社建筑设计部设计，瑞典斯维德米拉，1934 年

图 162
康苏姆商店，消费者合作社建筑设计部设计，瑞典南斯约，1934 年

尽管规模未必一致，但第二次世界大战后几乎所有的欧洲国家都出现过类似的文化传播计划。从西德（该国的明斯特、曼海姆和斯图加特在 20 世纪 50 年代和 60 年代建起剧院，图 170），到罗马尼亚（该国的克拉约瓦、加拉茨、亚历山德里亚、特尔戈维什泰、锡比乌、阿尔巴尤利亚、奥拉迪亚、瓦斯卢伊，普洛耶什蒂和苏恰瓦等城市在 70 年代兴建了许多剧院和文化中心图 166）都是如此。与其他国家相比，比利时政府以前很少发起建设项目，但 70 年代在弗拉芒地区也建起了多个文化中心，如瓦勒海姆（1971 ~ 1973 年，Eugene Vanassche 设计）、哈瑟尔特（1972 年，Isia Isgour 设计，图 172）和蒂伦豪特（1965 ~ 1977 年，Van Hout & Schellekens 设计，图 171）。很少见到弗拉芒人的民族意识不是用语言而是在一个场所里表现出来，而文化中心的建设就是这种罕见的先例之一。

文化传播绝不总是一项明确的政策。人们常常把它视为理所当然，这一点现今在一些项目中仍然可以看出来，比如在葡萄牙和西班牙这样的国家里就是如此，这些地方的剧院、博物馆和文化机构扩建或者新建项目常是由欧盟出资赞助。葡萄牙卡尔塔舒的剧院（2007 年，CVDB 建筑师事务所设计，图 173）以及西班牙阿尔梅里亚附近尼哈尔镇的文化中心（2006 年，MGM 建筑师事务所设计，图 174）是这方面的案例，这两个市镇的人口大约都在 25000，这表明文化基础设施深入多么基层的地区。

图 166
文化之家，Nicolae Viädescu 设计，罗马尼亚特尔戈维什泰，20 世纪 70 年代初

图 168
文化之家，André Wogenscky 设计，法国格勒诺布尔，1967~1968 年

图 165
文化中心，Peter Celsing 设计，斯德哥尔摩，1966~1976 年

图 167
文化之家，勒·柯布西耶设计，法国菲尔米尼，1965 年

图 169
文化之家，奥斯卡·尼迈耶设计，勒阿弗尔，1972 年

图 170
城市剧院，Werner Ruhnan、Harald Deilmann、Max von Hausen 和 Ortwin Rave 设计，明斯特，1952~1955 年

教育

　　具有塑造民族之功用的不仅是文化，还有教育。鉴于人口不断增长，每个国家都需要从初等教育机构到大学的学校建设计划来扩充教育资源。此外，在 20 世纪的进程中，越来越多的年轻人开始获得接受高等教育的机会。20 世纪期间，在教育机构的类型和建筑的纪念碑式风格之间经常存在对应关系：教育层次越高，学生的年龄越大，学校建筑越具备纪念碑式风格。从建筑上看，大学通常是最大的，也是最宏伟的。而且一般说来，艺术学校惯常置于有特色的建筑里，无论是格拉斯哥艺术学校（1896 ～ 1909 年，由查尔斯·R·麦金托什设计，图 175）、沃尔特·格罗皮乌斯在德绍设计的包豪斯学校（1925 ～ 1926 年，图 176），还是 Max Bill 在德国乌尔姆设计的高等造型艺术学院（1953 ～ 1955 年，图 177）都是如此。

　　这并不是要否认，初等和中等教育院校、甚至幼儿日托中心建筑中，也有许多具有较高建筑价值，比如 Giuseppe Terragni 在意大利科莫设计的托儿所，以及赫尔曼·赫茨博格（Herman Hertzberger）在荷兰设计的学校（图 180）就是如此。但最具象征作用的，还是现有大学的扩建项目以及新创办大学的项目。大学建筑群经常作为国家在科学技术上成就的象征而成为国家自豪的主题。这适用于耸立在旧城之上的科伊姆布拉大学；适用于 20

72

图 175
格拉斯哥艺术学校，查尔斯·R·麦金托什设计，格拉斯哥，1897~1899 年

图 171
文化中心，Van Hout & Schel-lekens 设计，比利时蒂伦豪特，1965~1971 年

图 172
文化中心，Isia Isgour 设计，比利时哈瑟尔特，1972 年

图 173
剧院，CVDB 设计，葡萄牙卡尔塔舒，2007 年

图 174
文化中心，MGM 设计，西班牙尼哈尔，2006 年

世纪 20 年代成立的纪念碑式的马德里大学（Modesto López Otero，图 181）；适用于 20 世纪 30 年代建成的罗马大学（由 Marcello Piacentini 领导的多名建筑师设计，图 182）；适用于西班牙希洪市卡布埃涅斯区传统主义 - 古典主义风格的技术学院（始建于 20 世纪 40 年代，由 Luis Moya、Rodriguez、Alonso de la Puente 和 Ramiro Moya 设计，图 183）；还适用于 20 世纪 50 年代的莫斯科罗蒙诺索夫国立大学（首席建筑师为 Lev Vladimirovich Rudnev），这所大学无疑是全欧洲大学中最突出的例证（图 184）。

在许多欧洲国家里，20 世纪 60 年代经历了新建大学和大学校园的高峰期，在此期间大学对表现国家的学术荣誉关注较少，而更多专注于满足战后生育高潮和生活富裕而产生的对高等教育的更高要求。一个这类校园的早期案例是奥尔胡斯大学（始建于 1931 年，由 Kay Fisker、C. F. Møller、Poul Stegman 和景观设计师 C. T. Sørensen 设计，图 185）。其他例子包括：英国的东英吉利亚大学（Denys Lasdun 设计，图 186）、苏塞克斯大学（Basil Spence 设计，图 188）和华威大学（Yorke Rosenberg Mardall 设计，图 189），比利时的鲁汶大学（鲁汶天主教大学的法语校区，1968 ～ 1975 年规划总图，Jean-

图 176
包豪斯学校，沃尔特·格罗皮乌斯设计，德绍，1925~1926 年

图 177
高等造型艺术学院，Max Bill 设计，德国乌尔姆，1993~ 1995 年

图 178
卡尔·马克思学校建筑群，André Lurçat 设计，法国犹太城，1932 年

图 179
幼儿学校，Giuseppe Terragni 设计，意大利科莫，圣泰利亚 1934~1937 年

图 180
威廉公园学校，赫尔曼·赫茨博格设计，阿姆斯特丹，1981~1983 年

图 181
大学校园，Modesto López Otero 设计，
马德里，1927~1949 年

图 183
技术学院，Luis Moya、
Rodríguez、Alonso de la Puente
和 Ramiro Moya 设 计，希洪，
1945~1956 年

图 185
奥尔胡斯大学，Kay Fisker、C. F
Møller、Poul Stegman 和 C. Th
Sørensen 设计，1931~1940 年

图 184
罗蒙诺索夫国立大学，Lev Rudnev
（首席建筑师）设计，莫斯科，
1948~1953 年

图 182
罗马大学主楼，Marcello Piacentini
设计，罗马，1936 年

图 186
东英吉利亚大学，Denys
Lasdun 设计，英国诺维奇，
1962~1968 年

Pierre Blondel、Pierre Laconte 和 Raymond Marie Lemaire 设计）等。

74　　　　大学教育和为之服务的建筑物，通常构成了国家建筑的一个方面。甚至小学和中学校舍有时也起这种作用。虽然单个建筑一般不太引人注目，但其总体计划规模具有特殊意义。第二次世界大战前，最大的学校建设计划非希腊莫属。在 Eleftherios Venizelos 政府治下（1930 ～ 1935 年），教育部长 Gheorghios Papandreou 制订了一个为小学和中学教育修建 3000 多座学校的计划，在应召设计这些学校的建筑师中（图 190）有 Kyriakos Panayotakos、Dimitris Pikionis 和 Spyros Lengheris。[7]

　　　　在战后的英国，校舍与住房项目一起成为最重要的设计任务。在战后头几年，政府是唯一的委任机构，不给私人建筑项目颁发许可证。正如 Robert Elwall 在《建设一个更好的明天》中所写的："在 20 世纪 50 年代初期，按照建筑许可证制度的规定，私人建筑师的机会极其有限，因为制度把匮乏的材料和资源用于住房和学校等优先领域里……因此在当时占主导的是公共行政建筑，不是由中央政府部门直接设计，就是由中央政府部门委托设计；有些

图 187
伦敦大学教育学院，Denys
Lasdun 设计，1975~1979 年

图 188
苏克塞斯大学，Basil Spence
设计，英国布赖顿，1951~
1971 年

图 189
华威大学，Rosenberg & Mardall 设计，英国约克，1965~1971 年

图 190
小学，Patroklos Karantinos 设计，雅典，1932 年

是由郡议会（负责校舍），有些由市、自治镇和区议会（负责住房），有些则由城乡规划部资助的'新城镇开发公司'来进行。尽管程度上差别很大，但只有这些单位才拥有足够资源，用来持续开展建筑计划，并完成支撑这些计划的研究与开发。结果，到 1955 年，这个国家几乎一半的建筑师都受雇于公共部门，而其余的建筑师则靠着过度膨胀的行政部门包给他们的工程而维持生活。"[8]

殖民地建筑

在欧洲国家出现过的主题，常常以不同的形式在殖民地和被强占的领土出现。强占领土的国家主要是意大利，从 1912 年到法西斯统治垮台期间，意大利一直在其占领的克罗地亚部分地区、阿尔巴尼亚和希腊多德卡尼斯群岛有着显眼的建筑。公共管理机构、意大利银行和新的生活设施（如公寓），这些功能都与当时意大利本土风格相近的建筑承载。虽然这可以算是一种建筑殖民主义形式，但意大利人却可以争辩说，他们在国内采用的地中海风格在所有的被占领区也适合。

俄罗斯亚洲部分的俄国化开始于 19 世纪，这也可以看成是殖民主义的一种形式。俄国革命后，中亚按照民族标准被分成不

图 191
雅典大学神学院, Lazaros Kalyvitis 和 Yorgos Leonardos 设 计,
1973~1976 年

同的苏联加盟共和国。吞并波罗的海国家的情形也与此类似。俄国化和后来的苏联化伴随着新建筑的兴建,它首先服务于树立俄国的权威,然后又显示了莫斯科的具体存在,并且为新的共产主义社会赋予了形象:它象征着加盟共和国和俄罗斯发生着同样的事情。同时也给地域差异留下了余地,基于对 19 世纪末建筑的重复,民俗和民间建筑被当成国家认同在建筑方面的重要出发点。

　　谈起 20 世纪的殖民地建筑,对于意大利、德国、英国和荷兰来说集中于这个世纪的前半部分,而对于法国和葡萄牙则一直延续到 60 年代和 70 年代,不同的趋势也可以辨认出来。首先,存在对权力的明确表现,旨在树立和肯定权威。这方面一个最重要的例证是辉煌威严的印度总督府(1912 ~ 1931,Edwin Lutyens 设计)。由于殖民者的严厉统治,人们常常认为他们会在建筑中刻意展示其权力,但实际情况并非如此频繁。此外,欧洲的理念也不一定非要经过一阵延迟才能渗透到殖民地。有时的确如此,以英国殖民地马耳他为例,1920 年后新艺术思潮才抵达该国,而现代派建筑则是在第二次世界大战后才兴起。

　　从殖民地民众的视角看,许多殖民地建筑具有异国情调。在安哥拉、莫桑比克的"柔软式"葡萄牙风格建筑及在刚果黑角的诺曼底风格火车站(1921 年由 J. Philippot 设计)[9]与同时代的本土风格建筑相对立;这些本土风格建筑包括 20 世纪 20 年代和 30 年代在荷属东印度群岛由 Charles Wolff Schoemaker、Albert Aalbers、Henri Maclaine Pont 以及 F. J. L. Ghijssels 等建筑师设计的作品,以及 20 世纪 50 年代 Pancho Guedes 在莫桑比克设计的建筑。

　　在 20 世纪 40 年代和 50 年代,巴西的热带现代主义在葡萄牙的非洲殖民地安哥拉和莫桑比克流行起来,当时这些殖民地比葡萄牙本土更具有现代性和实验性。与此类似的趋势可以在法国的北非殖民地看到,人们在 20 世纪 30 年代就开始说,这些地方比法国还欢迎实验。

76

殖民地独立之后，等待着它们的是一种"后殖民状况"，这个阶段欧洲、美国和日本建筑师在殖民地仍很活跃，常常为新生独立国家创立形象标志作出卓越贡献，这其中就包括雅温得的喀麦隆联邦大学（1962～1969 年，Michel Ecochard 和 Claude Tardits 设计）、亚的斯亚贝巴的邮政总局及邮电部（1964～1970 年，Ivan Štraus 和 Zdravko Kovacević 设计）以及毛里求斯路易斯港的毛里求斯议会大厦（1966～1978 年，Maxwell Fry 和 Jane Drew 设计）。

转折点

1850～2000 年间，欧洲人口（不计土耳其的亚洲部分）从 2.7 亿增长到 7.25 亿。这一增长成了向建筑师和城市规划师提供持续而实质性工作任务的重要支柱。150 年间人口增长超过一倍，因而不仅需要大量建筑满足日益扩大的社会的各项需求，而且也不可避免地需要考虑：城市和城市规划能够和应该给社会赋予何种形态、方向和结构。无论是建筑和城市规划之间，还是在国家与社会之间都存在诸多联系，本书只涉及了其中很少的几个方面。我们简略的考察最终支持这样一个论断：20 世纪欧洲建筑的一个核心元素要在其社会维度中发现。在 20 世纪的欧洲，对于"社会是怎样以社会化和空间化的方式组织自身的，建筑又在此中扮演何种角色"这个问题，存在着多种不同的答案。

这些问题目前仍是讨论的热点，但既然我们已经走过了转折点，既然根据大多数预测欧洲人口已经开始衰退，那么就到了从另一个视角考察这些问题的时候。人口减少，意味着建设任务的减少，这也就告别了过去的 150 年这个增长与进步（或者至少说，增长与变革）彼此紧密联系的时代。而且，此前的阶段曾开发了如此众多的公共建筑，哪怕是人口继续增长，建筑的饱和点也早已达到，很难再容纳那么多新建筑了。对于图书馆、博物馆、剧院、学校等建筑类型来说，究竟还有多大需求呢？

注释

1. Elizabeth Denby, *Europe Re-housed*. London 1938, p. 251
2. What is understood by nation and national consciousness has always been a construct, as Benedict Anderson explains in *Imagined Communities. Reflections on the Origin and Spread of Nationalism*. London/New York 2006 (1983)
3. Ákos Moravánsky, *Competing Visions. Aesthetic Invention and Social Imagination in Central European Architecture, 1867-1918*. Cambridge/London 1998, p. 248
4. *30 Jahre Sowjetische Architektur*. Leipzig s.a., p. 7
5. *20 Aasat Ehitamist Eestis 1918-1938*. Tallinn 1939, reprint Tallinn 2006
6. Séan Rothery, 'Ireland and the New Architecture 1900-1940', in: Annete Becker, John Olley and Wilfried Wang (eds), *20th-Century Architecture. Ireland*. Munich/New York 1997, p. 18
7. Juan Manuel Heredia, 'Greek School Rationalism. Ethical Poetics: Typicality and Tectonics', paper for the conference *Reconciling Ethics and Poetics in Architecture*, McGill University, Montreal, 15 September 2007
8. Robert Elwall, *Building a Better Tomorrow. Architecture in Britain in the 1950s*. Chichester 2000, p. 12
9. Ten years later the same architect realized a station in the French town of Deauville in which the use of the Normandy vernacular was more logical.

78

第四章
联系与平行发展

  欧洲建筑史上有很多现象,在很短时间内从不同地区浮现出来。相近的形式、类似的理念,通常再带上一些地方性的内容或偏好,几乎在同时出现于大量不同的环境中。对于这些同时发展的现象中的很多案例来说,往往只能给出思辨推断式的或者全局抽象式的解释,几乎很少能够指出直接的、因果性的联系。结果,建筑史

图 192
际装饰艺术和现代工业展览会上
的新精神展馆，勒·柯布西耶设计，
巴黎，1925 年

图 193
《土尔库报》办公楼，阿尔
瓦·阿尔托设计，芬兰土尔库，
1928~1929 年

图 194
药店，Hagbarth Schytte-Berg 设计，
挪威阿莱森德，1907 年

图 195
Ellul 别 墅（Villa Ellul），Salvatore Ellul
设计，马耳他 Ta'Xbiex，20 世纪 30
年代末

就只剩下一系列彼此相继的孤立时点和事件——"然后……然后……然后……然后
同时……"——这样一来，史学叙事就成了基于历次创新的时间先后逻辑关系制定
的时间表。在这种离散式的序列中，大部分事件与前后发生的事情之间都不存在联系，
至多只是区别于先驱者或后继者而已。

不仅如此，而且在建筑学中往往也不存在严格的因果链条，为什么建筑会以特
定的方式、往特定的方向发展，这里谈不上有明确的必然性；至多是能让史学家事
后给出一个看似合理的解释罢了。这并不是说，在个体层面因果关系不存在，比如
说 Werner Durth 就曾经谈过建筑史中的"传记性线索"。但是即便是对于师徒关系、
朋友关系、小圈子和职业合作的形成等情形，也不是总能够确切说明那些关系的实
质到底是什么。

对于整体建筑史来说，大多数的平行发展和类似现象之间都只存在微弱的关联。
对它们而言并没有可检验的事实，至多只有貌似合理的解释，因而隐含着不少陷阱。
我们可以考察一下史学家关于勒·柯布西耶对阿尔托的影响的评价。在《阿尔瓦·阿
尔托，早期 30 年》一书中，阿尔托研究专家 Göran Schildt 写道：阿尔托熟悉勒·柯
布西耶的作品和理念，他在 1926 年曾写过一篇文章《从门槛到起居室》（Porraskiveltä
arkihuoneeseen），[1] 其中收入了勒·柯布西耶 1925 年为巴黎国际展览设计的"新精神
展馆"图片作为插图（图 192）。阿尔托本人没有亲眼见过这座建筑，因为他第一次
去法国还是在 1928 年，但他可以通过多种出版物了解它。不仅如此，Schildt 还发现，
在勒·柯布西耶 1923 年的《走向新建筑》一书中的雅典卫城素描与阿尔托 1926—
1927 年给日内瓦国联大厦及赫尔辛基的托罗教堂的速写之间有着"明显的联系"，
二者的透视和构图都有相似之处。据 Eeva-Liisa Pelkonen 说，阿尔托的书架上有《走

向新建筑》的 1929 年德译本。[2] 但这也没有排除他此时已经有一本法文原版或者在别处看到勒·柯布西耶的速写的可能性。

虽然两组速写具有视觉上的平行，但 Schildt 论证说，"在理论层面，阿尔托和勒·柯布西耶想要达到的目标只有非常笼统的类似之处，没有更深刻的联系。"最终，他看到的主要还是差异，但是他仍然断言说："我并不想否认那位伟大的法国宣传者

图 196
Carrer de Muntaner 住宅楼，何塞·路易斯·塞特（José Luis Sert）设计，巴塞罗那，1929~1933 年

图 197
空军部，Luis Gutiérrez Soto 设计，马德里，1942~1954 年

图 198
Lanares 住宅区，Nicos Valsamakis 设计，希腊阿纳夫索斯，1961~1963 年

图 199
Vjenceslav Richter 设计，1958 年在布鲁塞尔的展览会上的南斯拉夫展馆（后来被重新用作 Wevelgem 的一所学校）

图 200
别墅，Josef Chochol 设计，布拉格，1912~1913 年

对阿尔托和他的同代人具有影响。这种影响在 1928 年阿尔托为《土尔库报》（Turun Sanomat）设计的办公楼中清晰可辨，但这只是他生命中一个短暂的阶段（图 193）。他的设计原则与勒·柯布西耶有根本性的差异，而这些原则又很快将他引往一个全然不同的方向。"[3]

将事实（照片、理论）、解释（在建筑及表现方式上的类似）以及根据不充分的论断（勒·柯布西耶影响了整整一代芬兰建筑师）混合起来，这就是建筑史学家惯用的方法。而我们很难（如果不是不可能）将事实、解释与貌似合理的推测截然区分开，因为对事实的选择和排列往往本身就是一种解释了。

建筑史学家赋予"硬事实"很高价值，这是可以理解的，但恰恰由于现存记录的稀缺，所以事实同样具有误导性。由此并不一定要得出所有建筑史的写作均属徒劳的结论，但我们仍应该认清，在貌似成立的论断与有充分根据、可靠缘由的论断之间还是有巨大差别的。

跨过边界

在 20 世纪的欧洲建筑中，我们可以指明许多超越了国家和语言边界的发展趋势，哪怕是无法为这些趋势的形成原因提供现成的解释。然而，信息交换、传播与发布的网络一定确曾存在。符合这种情况的有新艺术派（Art Nouveau），这一流派以不同的名称、相似的形式在许多地方创生，从巴塞罗那到圣彼得堡，从伊斯坦布尔到挪威的阿莱森德（该城于 1904 年毁于大火，重建时采取了青年风格，图 194）。现代主义也符合上述描述，自 20 世纪 20 年代以来，这一趋势就在由阿姆斯特丹到布加勒斯特的欧洲各地，以多种多样的变体出现（图 193 ~ 图 196）；20 世纪 20 年代到 50 年代间，从马耳他到奥斯陆，从葡萄牙科英布拉到莫斯科，几乎在欧洲每个角落都能找到纪念碑式风格的建筑（图 197），而这一风格也符合前文的描述；最后，上述描述还适用于战后现代主义，这一趋势同样在斯德哥尔摩、南斯拉夫斯普利特、伦敦和波兰的卢布尔留下了深刻的痕迹（图 198 和图 199）。

当然，并非所有趋势都具有同等程度的国际性。有些趋势基本上忽略了某些国家（如荷兰就较少有新艺术派和青年风格建筑）。也有一些趋势，其发展范围只限于较小的地区，比如捷克立体派就是如此（图 200）（更不要说后来的回旋立体派变种了，图 201）。但即使捷克立体派也并非凭空创生的，如果没有毕加索和布拉克的立体主义，就很难设想它的出现。况且，尽管捷克立体派不同于 20 世纪初的 20 年间在欧洲其他地方设计和修建的建筑，但它与德国表现主义及荷兰阿姆斯特丹学派之间的平行相似之处也是无法忽略的。

83

图 201
egionbanka 大楼，Josef Gočár 设计，布拉格，1921~1923 年

图 202
科特维克无线电发射台，Julius Maria Luthmann 设计，荷兰，1918~1923 年

由此我们可以发现建筑发展趋势的传播路径：20世纪的各种建筑风格都是始自某个国家、地区或城市，继而产生了（有时是短暂的）国际影响和共鸣。较近的例证是20世纪末的"超荷兰式风格"和"瑞士盒子"（图203），以及20世纪80年代的巴塞罗那式广场。有些国家和地区多次成为灵感的源泉，比如斯堪的纳维亚就是如此。斯堪的纳维亚对欧洲建筑产生过多种不同影响：在20世纪20年代和30年代，荷兰人就袭用了斯德哥尔摩市政厅（Ragnar Östberg设计，1911～1923年，图204）的风格元素（图205）；20世纪50年代瑞典的温和现代主义在英国和德国大为流行；20世纪50年代和60年代，欧洲西北部则产生了一种普遍的热潮，迷恋于瑞典、丹麦和芬兰建筑和设计的简洁性（挪威在这里只具有边缘性的作用）。

此外，第二次世界大战后许多西欧国家出现了崇美主义，其表现形式为一种源自欧洲、在战后又从美国转过来回到欧洲的现代主义；不过美国式的现代主义更加严谨，技术上更加先进，而且在许多情况下不具备在欧洲现代主义建筑中常见的那种轻浮和艺术情调。另一种崇美主义可追溯到20世纪初从美国引进的摩天大楼式建筑。20世纪40年代莫斯科开始兴建高层建筑时，官方强调这些建筑的设计不得采取美国模式，由此可见摩天大楼的美国渊源实为不言自明。

对于始自民族风格的国际时尚来说，规模和距离似乎起着一定作用。比起大国来，较小的国家（如荷兰、瑞士）或公认为遥远的国家（比如斯堪的纳维亚），常常被视为灵感的现成源泉。规模越小，距离越远，就更容易对该民族的建筑文化形成明晰概念。对于德国这样的中欧大国来说，明确地界定一种可输出的建筑理念显然困难得多。

图203
信号中心，赫尔佐格与德梅隆设计，巴塞尔，1994~1998年

图204
市政厅，Ragnar Östberg设计，斯德哥尔摩，1907~1923年

图205
Angelso住宅，Niek de Boer（城市规划师）和Th. Strikwerda设计，荷兰埃门，1966~1969年

图206
Lübeck—St.Lorenz住宅区，Ernst May设计，1954~1955年

图 207
科特布斯科技大学图书馆, 赫尔佐
格与德梅隆设计, 1993~2005 年

图 208
音乐之家, OMA 设计, 波尔图,
1999~2005 年

活动半径

现今, 由于社会全球化和欧洲一体化, 国际主义比以往更盛行。赫尔佐格与德梅隆建筑事务所的作品散布欧洲, 从圣克鲁斯 - 德特内里费到科特布斯 (图 207);
OMA 建筑事务所在从波尔图到圣彼得堡的欧洲各地也非常活跃 (图 208); 而建筑活动已经变得高度国际化, 不只局限于上述国际顶级人物, 即便是不那么声名显赫的建筑事务所也能承接很多国际项目。

目前建筑师的活动半径也许比 50 年或 100 年前更大; 但即使在过去, 建筑师也到国外旅行和学习, 并且同外国同行一道工作、保持联系。1900 年左右存在于斯德哥尔摩、赫尔辛基、塔林、里加和圣彼得堡等地的波罗的海国际主义就是一个例子。
2003 ~ 2005 年间, 上述城市举办了 "1900 建筑" 巡回展览, 其中展示了这一地区的建筑师们在当年进行的联系和交流。当时有不少德国、芬兰和俄国建筑师在塔林工作, 而这只不过是在欧洲的这一部分地区 20 世纪初的一个国际文化样例而已。其他地方的例子还包括保加利亚 1878 年从土耳其统治下解放出来后在当地工作的奥地利建筑师, 以及 1917 年俄国革命后流入塞尔维亚的俄国建筑师。[4]

即便是没出过国的建筑师, 也有充分的机会通过出版物、学术报告和展览去了解国外发生的事情。另外, 建筑教育也一直是重要的信息中转站。

非正式合作

虽然我们不是总能确切无疑地证实建筑师见过、读过或听过什么, 但经常有足够多的周边证据, 让人可以提出这样的论断: 某个设计师有影响力, 某些理念有市场,

图 209
应用艺术博物馆，Ödön Lechner 设计，
布达佩斯，1893~1896 年

图 212
Strassburger 别 墅，Georges
Pichereau 设计，法国多维尔，
1907 年

图 210
为手套商 Comella 设计的玻璃陈
列箱，安东尼·高迪设计，巴黎，
1878 年

图 211
K o l i b a 别 墅，S t a n i s ł a w
Witkiewicz 设计，波兰扎科帕内，
1892~1894 年

某些文化现象是灵感的来源。建筑史不是法学，因此在证据匮乏的情况下，它会在合理联系的基础上进行推测，而不管这样的论断是否属于思辨玄想。例如，巴塞罗那的高迪和布达佩斯的 Ödön Lechner 之间具有惊人的类似性，尽管不可能证实这两个人之间的直接联系（图 209）。1973年 Ferenc Vámos 在《反理性主义者和理性主义者》一书中写道："Ödön Lechner 可能见过高迪的任何作品吗？很有可能。"按 Vámos 的意见，Lechner 在巴黎时"正值 1878 年国际展览会期间，高迪也带着展品参加了展会。他当时还是哥特主义者，尽管以一种自由的、原始的和幻想的方式——而 Lechner 也同样如此。"[5] 在提到的这个展览会上，刚毕业的高迪展出了

一个他为手套制造商 Comella 设计的陈列箱（图 210）。在大型展览会的一件陈列箱确实只是一个非常弱的证据，但上面已经提及的那样，这两个人的作品间存在平行发展的情况。也许，对于科学史来说这是一种很常见的现象：不同的人在同一时间或者在彼此邻近的时刻，为相同或类似的问题找到相似的解决办法。这种现象不只局限于科学界，而且也发生在建筑上；建筑本身虽不是科学，但却是艺术和知识二者的结合。

在《创新：文化变革的基础》里，H. G. Barnett 把这种现象称为"非正式合作"："参与合作的个人互不相识；他们从未见过面，之间也没有直接交流，然而他们了解彼此的作品，或许他们熟知该领域的共通知识，或许他们的思想受同样的条件引导和限定（比如受到同一个给定问题的召唤）。非正式合作解释了为什么会出现

图 213
Grosvenor 电 影 院，Frederic
E.Bromige 设计，伦敦，1935 年

大量彼此独立的、经常是同时的创新事例。"[6] 人们经常用含糊的决定论来解释同时性——氛围中有某种特别的因素导致了创新的同时发生，或是环境使得某种具有这种性质的东西必然被发现。对于建筑史而言，有些史学家认为历史按照一种必然的进程在现代主义风格中达到顶点，也有些史学家把某些效应归属于无形的时代精神，这两种人通常会相信决定论。但是，历史按照一种必然进程发展的理念几乎不可能得到实质性证明。虽然无法证实"时代精神"实际存在，但不可否认的是，整个欧洲大陆经常会共享一些共通的知识和意见以及超越特定地方条件的偏好、趣味和格调。

1945 年后无处不在的战后现代主义风格是一个好例子。与"战前现代主义"一样，很难具体追踪其源流，无法确认它传播的起点。第二次世界大战后，在欧洲没有哪个城市或国家可以被认为是这种现代主义的唯一中心（或者是其众多中心之一）。也没人明确提出过现代主义的指导性理论。实际存在的则是很多类似的观点和理念，例如优先考虑公路交通、将商业和零售中心置于城市中心、以绿地围绕的开放式住宅小区（联排建筑或塔楼）为基本单元开发城市郊区等。无论是"铁幕"对欧洲的政治 - 意识形态化分隔，还是富北欧穷南欧的经济分隔，都无法阻挡上述共同的思想意识。[7]

这种难以理解的现象的其他例证，还包括 1900 年前后中欧、斯堪的纳维亚和波罗的海国家出现的民族浪漫主义（图 211 和图 212）、20 世纪 30 年代从英国一直到巴尔干都存在的"流线式"现代主义风格（图 213 ～ 图 216），以及 20 世纪 70 年代和 80 年代从荷兰和比利时到塞尔维亚和保加利亚都曾出现的褐色建筑（图 217）。对于欧洲任何地方的一座建筑，建筑史学家的断代通常能精确到误差在几年之内，这一事实就是上述共同意识的典型例证。[8]

图 215
Magrit 大道上的住宅楼，Béla Hofstätter 和 Ferenc Domány 设计，布达佩斯，1937 年

图 214
ZUS 写字楼，Roman Piotrowski 设计，波兰格丁尼亚，1935 年

图 216
Scala 电影院，Rudolf Fränkel 设计，布加勒斯特，1936 年

图 217
Ferantov vrt 的住宅楼，Edvard Ravnikar 设计，卢布尔雅那，1964~1973 年

起源

　　创新形式、思想和观念来自何处，并非总是很容易确定的。这不是承认失败，而是一个讲求实际的论断。在单个国家的建筑史上，新的风格或思想发展要么被视为从天而降之物，要么被当成对在国境之外既存事物的突破性推进。国际建筑史必须完整地讲述整个故事，因此常常要从在不同地方并存的几个主要人物的视角描述新的运动。还是以新艺术派为例，主要人物包括巴黎的 Hector Guimard（图 218）、布鲁塞尔的 Victor Horta（图 219）和 Henry Van de Velde、维也纳的 Joseph Maria Olbrich（图 221）、格拉斯哥的查尔斯·R·麦金托什（图 222），以及巴塞罗那的安东尼·高迪（图 223）。新艺术派从这些中心向外围地区传播，一直流传到南锡、达姆施塔特这些较小的城市以及意大利和拉脱维亚等国家。建筑学的新理念常常能很快传播。在 19 世纪 80 年代末的一个新艺术派作品早期样例和其他地方的效仿作品之间，有时只是相隔几年而已，这对建筑学这样一门本性缓慢的学科来说

图 223
巴特略之家（Casa Batlló），安东尼·高迪设计，巴塞罗那，1904~1906 年

88

图 221
分离派展览馆建筑，Joseph Maria Olbrich 设计，维也纳，1897 年

图 218
梅扎拉旅馆，埃克托尔·吉马尔设计，巴黎，1911 年

图 219
塔塞尔旅馆，Victor Horta 设计，布鲁塞尔，1893~1894 年

图 220
Schulenburg 别墅，亨利·凡·德·费尔德设计，德国格拉，1913~1914 年

图 222
山边住宅，查尔斯·R·麦金托什设计，苏格兰海伦斯堡，1902~1903 年

是够短促的了，要知道，建筑物的建成通常要花费多年时间。

"新艺术派"在不同的国家里所叫的名称，也许能说明其传播源流。在西欧，法语影响力较强的地区通常称之为"新艺术派"（Art Nouveau），流行德语的地区则称之为"青年风格"（Jugendstil）。"新艺术派"这个说法的源头通常追溯到由 Siegfried Bing 1895 年 10 月在巴黎开设的画廊，当时名字就叫"新艺术之家"（Maison de l'Art Nouveau）。"青年风格"暗指杂志《青年：慕尼黑艺术与生活每周画报》（Jugend: Münchner illustrierte Wochenschrift für Kunst und Leben），最初发行于 1896 年。Jugendstil 简称为 Jugend，也是斯堪的纳维亚地区常用的名称。在中欧"新艺术派"通常被称为"分离派"，这指的是 1897 年维也纳一群脱离艺术之家（Künstlerhaus）的艺术家，他们于次年在由 Olbrich 设计的一个新展览厅找到了大本营。维也纳"分离派"并非第一个在说德语地区有着该名称的艺术分离派运动，此前在柏林和慕尼黑也有打着分离旗号反对现存秩序的艺术家。意大利有两个说法，一个是具有描述性的称呼"繁花风格"（Stile floreale），另一个则是"自由风格"（Stile Liberty），这个名字源自出售工艺设计制品的伦敦百货商店。对西班牙加泰罗尼亚的"新艺术"版本来说，他们的成员除了高迪，还包括 Josep Maria Jujol（图 225）、Josep Pulg i Cadafalch（图 226）和 Lluís Domènech i Montaner（图 227），这些人笼统地使用"现代主义"（modernismo）这个有点不规范的说法，这也许体现了加泰罗尼亚建筑师相对孤立的情况。

89

图 224
贝伦斯式房屋，彼得·贝伦斯（Peter Behrens）设计，达姆施塔特，1911 年

图 225
托雷德拉 Creu 宾馆（Torre de la Creu），Josep Maria Jujol 设计，巴塞罗那，1913~1916 年

图 226
Punxes 之家（Casa de les Punxes），Josep Puig i Cadafalch 设计，巴塞罗那，1903~1905 年

图 227
圣诞老人圣保罗医院（Hospital de la Santa Creu i Sant Pau），Lluís Domènech i Montaner 设计，巴塞罗那，1901~1930 年

现代建筑和现代主义

与"新艺术派"类似，1920 年左右开始出现的现代主义建筑也具有多个源头、多种名称。通常认为，德国、前苏联、前捷克斯洛伐克、法国、瑞士和荷兰是现代建筑发展中的主角（而瑞典"只是"在 1930 年经历了现代风格的突破）。当讲到个人时，勒·柯布西耶（图 229）、沃尔特·格罗皮乌斯（图 230）、密斯·凡·德·罗（图 231）和阿尔瓦·阿尔托（图 232）一般被认为四位大佬，部分因为他们漫长的职业生涯（其中相当长的时间是在其祖国之外的地方度过）。就此而言，他们在国际建筑史上可以算得上真正的国际建筑师。勒·柯布西耶从瑞士迁居到巴黎，并且在除了大洋洲以外的每个大洲都有他的建筑；密斯·凡·德·罗离开德国定居美国；同样，格罗皮乌斯在英国短期逗留后也到了美国。尽管阿尔托一生都留在芬兰，但他的作品从地理上讲延伸到西欧和美国。严格地讲，大量现代建筑师，从匈牙利的 Farkes Molnár（图 234）和波兰的 Bohdan Lachert（图 238）到捷克斯洛伐克的 Bohuslav Fuchs 和荷兰的 J. Duiker（图 233），其职业生涯都属于本国。如果把他们表现在国际历史上，他们就不那么突出了。同样，也有许多建筑师以现代风格设计了许多建筑，但实际上却鲜为人知。现代建筑可以狭义地定义为功能主义（一个流行于欧洲许多地方的术语）、构成主义（主要使用于前苏联和波兰）和"新客观性"（通常在德国

90

图 229
Stein 别墅，勒·柯布西耶设计，法国加尔什，1927 年

图 230
包豪斯学校，沃尔特·格罗皮乌斯设计，德国德绍，1925~1926 年

图 231
Tugendhat 别墅，密斯·凡·德·罗设计，捷克布尔诺，1930 年

图 232
Mairea 别墅，阿尔瓦·阿尔托设计，芬兰诺尔马库，1937~1938 年

图 228
霍夫曼别墅，Jószef Fischer 设计，布达佩斯，1934 年

图 233
露天学校, Jan Duiker 设计, 阿姆斯特丹, 1927~1930 年

图 234
别墅, Farkas Molnár 设计, 布达佩斯, 1932 年

图 235
大使馆庭院住宅楼, Wells Coates 设计, 英国布赖顿, 1934~1935 年

图 236
卢萨科夫工人俱乐部, Konstantin Melnikov 设 计, 莫 斯 科, 1927~1928 年

图 237
艺术家的住宅区, Denys Lasdun 设计, 伦敦, 1938 年

和荷兰流行, 原文分别是 "neue Sachlichkeit" 和 "Nieuwe Zakelijkheid") 的一个共同名称。而在意大利,"理性主义"是惯用的术语。

　　狭义定义的现代建筑与建筑史上 1917 ～ 1933 年间的先锋派相吻合, 史密森夫妇 (Alison and Peter Smithson) 把这段时期叫做"现代建筑的英雄时期。"[9]然而应该注意的是, 把"现代建筑"与历史上的先锋派等同起来的想法, 或多或少来源于现代主义中坚分子的误导。正如 Peter Haiko 在给《20 世纪建筑, 现代建筑艺术杂志》(Die Architektur des XX Jahrhunderts, Zeitschrift für moderne Baukunst) 文章选集撰写的导言中所写的那样, 1900 年左右的人们对现代建筑有着更具包容性的理解。《20 世纪建筑》杂志在 1901 ～ 1914 年间由 Ernst Wasmuth 以德语、法语和英语三种语言出版。这里包含的国际渴求和杂志上评论的建筑多样性是一致的。依 Haiko 20 世纪初之见和创办人而言,"现代化"象征所有"取代和蓄意远离 19 世纪传统的建筑。"[10]然而直到 20 世纪为止, 存在着种种建筑运动, 这些运动"由唯一的因素而联合起来, 即它们一致否定复古主义。"这决不是彻底的现代建筑, 而是一种可以称之为"外表现代化的"设计和建造方式。被认为同复古主义决裂的现代主义，但没有先锋派意识形态和审美上的吹毛求疵，与先锋派特立独行的情况相比，是一种远为被普遍接受的现象。这也适用于第二次世界大战前后的时期。战前，像 Robert Mallet-Stevens 一类的建筑师（图 241）要比像 Ludwig Hilberseimer（图 242）一类的建筑师多，即

图 239
De Volharding 写字楼, Jan Buijs 设计, 海牙, 1928 年

图 241
Paul Poiret 别墅, Robert Mallet-Stevens 设计, Mézy-sur-Seine, 1924~1925 年

图 238
住宅, Bohdan Lachert 和 Józef Szanajca 设计, 华沙, 1928~1929 年

图 240
Rustici 之家（Casa Rustici）, Pietro Lingeri 和 Giuseppe Terragni 设计, 米兰, 1934~1935 年

92

使战后的现代主义，也往往采取温和的和偶尔甚至是彻底的装饰形式，这完全不同于简朴的战前功能主义。和这一道产生了一种现代建筑的淡化版本，它最终成为技术专家政治论的，以程序为主的，适合施工流程的高效建筑。实际上，20 世纪 60 年代所有大规模、扩展性的住房开发项目都可以从这个视角观察，其中包括法国的市郊住宅区（banlieues）、柏林的格罗皮乌斯城、瑞典的"百万计划"住宅区、"新贝尔格莱德"的部分地区、索非亚的外郊区和莫斯科的卫星城。

战前的温和现代主义可以被看作那个时期建筑作品的轴心，而彻底的功能主义为一极，在许多方面说，同样彻底的传统主义则为另一极。第二个轴心，则由相反两极，即表现主义和（古典的）纪念碑风格组成。这两个轴心的交会点可以被称之为"现代主义"，其表现形式既功能性的理性主义的建筑语汇，也包括丰富的、装饰性的装饰派艺术，后者多见于巴黎或布加勒斯特。

图 242
高层建筑，Ludwig Hilberseimer
设计，1924 年

图 243
莱奇沃思，埃比尼泽·霍华德和雷
蒙德·昂温设计，英国，1903 年

图 244
Wekerletelep 住宅，József Fleischl
设计，布达佩斯，1908 年

创新与发明

　　创新在建筑文化中是如何传播的，常常难以发现。创新可以大致地定义为"任何思想、行为或事物之所以新颖，乃是因为在品质上不同于现存的形态……每项创新就是一个理念或者一组理念。"[11] 除了创新，发明的特征也可以归纳为一种新产品或新程序的原创思想：创新形成最先把发明付诸实践的意图。[12] 如果遵循这一差别的话，那么，在建筑上的许多创新，实际上只不过是很少或者没有后续行动的发明。一个例外情况是田园城市：埃比尼泽·霍华德 1898 年的书《明天的田园城市》，可以被视为一种发明，而莱奇沃思和韦林这两个他创建的田园城市就是真正的创新（图243）。田园城市理念拥有的大量支持者，符合熟悉的消费品模式，在这种模式中，一项成功的创新常常引发大批（廉价的）仿制品和变异品。在建筑中，创新往往是一次性的实验，这部分和崇尚渗透于现代艺术和建筑的原创性有关，而把模仿置于次要地位，但有时有很多"廉价的"原创思想版本。

93

　　一种创新传播的普遍模式，是根据传染病挨个传染扩散。这样，创新在时间和空间上扩散得越来越远。[13] 建筑创新的激增，往往从中心到周边，从城市到行政区，从原版到仿制品。一种相似的线性模式，就好像滴漏效应，在其中，创新被看作（从社会上）下沉的文化产品（尽管相反的上升的文化产品也有可能）。同时，在建筑上还有另一种可识别的扩散模式，在其中，感染的源头仍很活跃，或者无论如何，不时地被引证为源头。勒·柯布西耶的影响力，不只是通过激励他自己的建筑，他反过来也以别人对柯布西耶式建筑的热情来影响他们。部分由于一种综合性的媒体策略。勒·柯布西耶继续通过他许多出版物而施加直接影响，也包括影响那些已经脱离这个他参与其中的职业圈的建筑师。的确如此，例如，勒·柯布西耶即皮埃尔·让纳雷（Pierre Jeanneret）于1927 年（图 245）发表的"新建筑五要点"（自由规划、自由外

图 245
Savoye 别墅，勒·柯布西耶设计，法国普瓦西，1928~1931 年

观结构、桩基、连续板条窗户和屋顶平台），这些要点很明确，很容易采用，对评论家和历史学家也简单易辨，因此看起来好像立于细细的柱子上的盒子式的别墅，可以被描述为"柯布西耶式"。

灵活性

正是其简洁性和明确性，使"五要点"成为一个可以很快被吸收进其他环境的突出的创新例证。同样的情况，也适用于那些可以被概括在口号里的理念，例如"少就是多"。随着一种思想、形态或文本的重述，随着它们向不同语境的转移，有些东西就改变了，并不一定和原来所表述的思想有关，但和它如何才能被实现有关。原来的创新的灵活性和其最终的成功有很大关系。这就是为什么勒·柯布西耶在地中海环境下采用的百叶窗也能适用于阿姆斯特丹和格拉斯哥等欧洲北部城市，虽然这些城市的气候并不灼热难耐。[14]

那种相同的灵活性也有着各种各样的影响的特点，这些影响不能直接地归因于某一个具体的人，不管是正确还是错误。这些影响的作用通常不明确，但很有效。以 20 世纪初期的英国农舍为例，这些房子在西北欧建筑上的反响，可以部分归因于 Hermann Muthesius 1904 年的书《英国房舍》（Das englische Haus），尽管此书可能更多地是一种对此主题兴趣，而不是它的直接原因。

观念和建筑师个体的旅行

创新不仅以同心圆的方式（这种方式总假设有一个可辨识的中心）传播，而且还常采取多层次的传播方式（在国际的、国家的、地区的和本地的各层次上扩散），甚至会在多个层次同时传播。这些层次相联系，而且常发展成彼此交错。在欧洲或国家层次上的模仿者，在其本地也许被认为是创新标兵。而地区性创新也可能有国际效应，比如 Aurelio Galfetti、路易吉·斯诺兹（Luigi Snozzi）（图 246）和马里奥·博塔（Mario Botta）20 世纪 70 年代在瑞士说意大利语的提契诺州设计的作品（图

247），他们的风格后来获得了"批判性地域主义"的称号。

　　某个在其当地是创新者的人和在欧洲层次上的追随者，也可以起着"变化动力"的作用，Juraj Neidhardt 就是一个这样的人。他出生在萨格勒布，受教育在维也纳，而在巴黎生活了好几年，并和勒·柯布西耶一道工作过。1939 年定居于波斯尼亚，在当地对现代建筑的特色风格的传播中起了重要的作用。Neidhardt 对波斯尼亚建筑的作用和重要性，充分体现了这一事实：旅行的不仅是理念，还有建筑师本人。在各个国家旅行和生活的建筑师的传记，充满了当他们作为向一个不同的环境传播新思想的媒介时的事例。另一个例子是建筑师兼艺术家 Marcel Janco，当达达主义在1916 年创生时他刚好在苏黎世，1922 年他回到罗马尼亚，在那里作为一位先锋建筑师，他大大地推动了当地的建筑（最终于 1941 年逃到巴勒斯坦）。

图 246
Kalman 之家（Casa Kalman），路易吉·斯诺兹设计，瑞士 Brione Sopra Minusio，1975~1976 年

图 247
San Giovanni Battista 教堂，Mario Botta 设计，瑞士莫尼奥，1994~1996 年

95

　　其次还有一些建筑师追求国际化的职业发展。尤其是在隶属于哈布斯堡王朝的中欧国家里，跨界工作司空见惯。这类例子包括在维也纳和伊斯的利亚工作过的 Max Fabiani（图 248 和图 249），在维也纳、布拉格、贝尔格莱德和卢布尔雅那工作过的 Jože Plecnik（图 251 ~ 图 253）以及在布拉格完成第一个作品的 Nikola Dobrović，他其后又活跃于从贝尔格莱德到多布罗夫尼克的整个前南斯拉夫地区（图 250）。

　　此外还有一类建筑师，他们主要是由于政治原因而移居国外，这些人中大部分为包豪斯建筑学院的人，包括格罗皮乌斯、马塞尔·布劳耶（Marcel Breuer）、密斯·凡·德·罗，但也有许多犹太建筑师，如埃里克·门德尔松（Erich Mendelsohn），他在德国、英国和美国居住和工作过，在这三个国家里享有声望和影响。还有约瑟夫·弗兰克（Josef Frank）（图 257 和图 258），1933 年他从奥地利迁居瑞典（其夫人是瑞典人），战争年代的大部分时间是在美国度过的。他返回瑞典后仍然保留在纽约的房子。在 20 世纪 10 年代和 20 年代，他在说德语的地区享有较高声誉，而且还曾

图 248
Portois & Fix. 写 字 楼, Max Fabiam 设计, 维也纳, 1899~1901 年

图 249
Hribar 住宅, Max Fabiani 设计, 卢布尔雅那, 1902~1903 年

图 250
Vesna 别墅, Nikola Dobrović 设计, 克罗地亚 Lopud, 1939 年

图 252
Zacherl 住宅, Jože Plečnik 设计, 维也纳, 1900~1905 年

图 251
三 桥 (Tromostovje), Jože Plečnik 设计, 卢布尔雅那, 1931 年

图 253
耶稣圣心教堂, Jože Plečnik 设计, 布拉格, 1928~1932 年

参加斯图加特的白院聚落设计展。在他的出生地奥地利,他在现代建筑师中有着核心位置(他参与了 CIAM 的创立,并且参加了维也纳的工艺联盟建筑聚落展);但在斯德哥尔摩他一直是局外人,至少对建筑圈子是如此。他在瑞典为室内设计商 Svenskt Tenn 工作,成了一位对室内装饰和家具设计行业有影响力的人物,他早先在奥地利设计一些作品也在瑞典付诸生产。对于 Ernst May、Hannes Meyer 和 Mart Stam 等建筑师来说,同样是出于政治动因,他们才会决定到苏联去帮助建设社会主义乌托邦。

建筑师还会出于个人原因选择在别国生活和工作一段时期。例如,1932 ~ 1936 年间 Richard Ernst Oppel 于大加那利岛他内弟 Miguel Martín Fernández de la Torre 事务所工作,包括为拉斯帕尔马斯当地政府所在地的设计(1932 ~ 1940 年)(图 256)。

教育

在他们自己的地区或国家以外接受专业训练的学建筑的学生,也在传播创新中起着作用,或通过传播他们的知识,或他们结束学业把学到的知识用于实践。从 1987 年以后,国际间学生的流动,由于在欧盟内部交流计划的制度化大大增多,

图 254
ansaviertel 住宅楼，沃尔特·格罗皮乌斯设计，柏林，1957 年

但也总有少数周游世界者。有时，学生们被迫到国外去，是因为在他们自己的国家里没有要学的专业建筑教育；有时他们想接近最新发展的起源地；有时他们喜欢在某个独特的教授门下学习。例如奥托·瓦格纳在维也纳美术学院执教20 年，在那儿造就过两代国际学生。在有些情况下，一个特殊的机构，如在苏黎世的 ETH 或在伦敦的 AA 建筑学院，对学生有吸引力，包豪斯建筑学院 1919 年在魏玛，1925 ～ 1933 年在德绍，在创造然后又传播创新性的建筑学起着至关重要的作用。因为大批外国学生，带着新的洞察力回到了他们的祖国。同样的情况，但更新近——外国学生略少——也适用于波尔图学校，它是一个教育机构，也是一种以西扎为中心的运动。

在欧洲大学教育中存在一种不均衡，这可以追溯到 19 世纪：虽然东欧的学生到西欧来学习，但在其他方面几乎没有什么活动。[15] 相同的不均衡的表现特点在建筑学院的课程内容上。

除了某些学校、建筑师和建筑事务所的国际绘图能力外（这一点在建筑文化上或长或短的时段里起了交叉路的作用），还有更多的次要的联系点，诸如会议和事件。例证之一是 1928 ～ 1959 年间，参加 CIAM（国际现代建筑协会）的杰出建筑师们的聚会。更为精彩的是 CIAM 的分支"第十队"在 CIAM 解体后继续组织

图 255
Doldertal 住宅区，Alfred 和 Emil Roth 设计，苏黎世，1935~1936 年

图 256
大加那利市政厅（Cabildo de Gran Canaria），Miguel Martín Fernández de la Torre 和 R.E.Oppel 设计，拉斯帕尔马斯，1932~1940 年

图257
公寓（Wiedenhoferhof），Josef Frank
设计，维也纳，1924~1925 年

图258
织品图样，Josef Frank 设计，
1941~1946 年

图260
白院聚落，斯图加特，1925~1927 年

图259
白院聚落住宅区，汉斯·夏隆
（Hans Scharoun）设计，斯图加特，
1925~1977 年

图261
在 Lützowplatz 的住宅建筑，
O·M·翁格尔斯（O.M.Ungers）
设计，柏林，1984 年

的会议，这些会议总是受到一种不相称的大量公众注意，尤其是近几年来。不管 CIAM 的管理结构，但其会议是非正式的，特别是同那些大型组织相比，如"国际建筑师协会"（UIA）。自 1948 年后它连续三年组织大会，常常是在欧洲。这些会议一定也是交流的场所，但至今，它们还没有成为任何系统的研究的主题。和 CIAM 大会不一样（战后时期，由于在欧洲政治思想的分界，对华沙条约国的建筑师们来说越来越难以参加了。）而"国际建筑师协会"大会具有更加普遍的特点。

最后一类国际交流更关乎建筑本身而不是建筑师。这就是早期的房地产展览，如在斯图加特的白院聚落（图259 和图260），在维也纳和布拉格的工艺联盟建筑聚落（图262）以及 1957 年和 1984 年在柏林举办的"国际建筑展览"（IBA）。

变化动因

思想的传播通常是个单向过程，即从西向东，从中心向周边，从老师向学生，从城市到行政区，从富人到穷人。偶尔也有一种更加对等的交流，如在荷兰和匈牙利，作为年轻独立的国家，在这两个国家中发现了共同的语言根源和类似的历史，因而导致

20 世纪初更加紧密的文化联系。这一点体现在芬兰建筑师 Eliel Saarinen 和匈牙利雕塑家 Zoltan Zepeshy 的友谊上。单向交通趋势在"铁幕"把欧洲一分为二后仍在继续。即使在政治上学习西方建筑是不正确的，但东方集团的建筑师对西方的了解，要比西方建筑师对东方了解多得多，甚至在今天，在统一的欧洲内，西部对东部的兴趣仍然低于东部对西部的兴趣。

在建筑上，并不总是能够明确地区分发明和创新，或者甚至区分创新者，最早的采用者和变化动因，即区分有新思想的人，欢迎新思想的人和能够让新思想被接受的人。例如 Alberto Sartoris 是一个早期在其建筑作品中的新思想采用者，和作为建筑评论家的变化动因。在第二项能力上，他和艺术史学家兼 CIAM 秘书的西格弗里德·吉迪恩 (Sigfried Giedion) 一样，后者的著作《法国建筑、空间、时间和建筑以及机械化领先》，为现代运动奠定了扎实的基础。同样 Sartoris 的《Gli elementi dell'architettura funzionale》一书，第一版 1935 年面世，而他的巨著《新建筑百科全书》战后出版。Sartoris 的书收集了全球现代主义建筑的大

图 262
工艺联盟建筑聚落中的住宅建筑，André Lurçat 设计，维也纳，1931~1932 年

量黑白照片，其中很大一部分为白色箱子平屋顶的建筑。这些书中通过图片传递的信息，比任何文字所能表达的更强有力，也就是说，现代建筑已经征服了全世界。

　　Sartoris 和 Giedion 的书以及像 F. R. Yerbury 这样作家的书，他们在 20 世纪 20和 30 年代大量出版国际建筑类的书，毫无疑问比所谓的先锋派战前的杂志的影响力要大。例如《Blok》，《Ma》，《Contimporanul》，《Zenit》和《De Stijl》。通常杂志发行量很小，难以使其超越自身职业圈。国际交流常常形成论文循环和交换，而这些论文业已出现在其他先锋派杂志上。这充分显示了这样的杂志的孤立状态。正如 Hubert Van den Beig 所说："事实是《De Stijl》杂志的编辑 Van Doesburg 20 世纪 20年代大部分时间是在国外度过的……事实是给《De Stijl》和其他构成主义者的纲领性的国际主义和博爱，另一方面他提出了一种同他自己故乡、国家隔离的方式。"[16]《De Stijl》的发行量据估计在几百份水平；《新精神》（L'Esprit Nouveau）好一些，发行量约 5000 册。

　　这些独家杂志，勉强地完成其传播新建筑消息的使命，很少能做到打入专业领域，更不必说进入它们自己学科以外的领域了。但这方面的一个例外情况，是由 Muller-Wulckow 编辑的有关现代建筑的 4 种德语"Blaue Bücher"，每种发行量两万份，Walter Müller-Wulckow 成功地让现代建筑引起了非专业大众的注意，就如 Gio Ponti 以其杂志《Domus》所做的一样，该杂志成了那些被普通民众订阅的专业杂志之一。

　　和战前先锋派杂志遭遇的情况一样，相同的故事再次发生在

图 264
Hellerau 剧 院（Festspielhau Hellerau），Heinrich Tessenow 设计，德累斯顿，1911 年

图 263
Staaken 住宅楼，Paul Schmitthenner 设计，柏林，1913~1917 年

100

20 世纪 60 和 70 年代这些"小杂志"上。对这样的艺术——历史文学出版物的兴趣，恰巧和它们的最低发行量形成反面对照。对这类杂志的意义的认可通常是怀旧的，而且和某些涉及的人士极力获得的声誉有关。它们对专业活动和以自己的方式对新思想的传播的重要意义，几乎永远值得探讨。

图 266
捷克斯科普里的城市重建方案，丹下健三设计，1965 年

动力

Barnett 认为："在社会和政治动乱期间统治势力的垮台为创新开辟了道路。征服、民众冲突以及经济兴趣和衰落的混乱局面，为新思想的出现提供了有利的环境，而这些思想中有许多是损人利己的。"[17] 除了这片大陆遭受过各种战乱外，欧洲社会自 19 世纪以来经历了剧烈的动荡。快速增长的人口、快速城市化和工业化（通常大规模地）再加上猛增的人口流动意味着环境或多或少较长时间地有益于创新。因此，就有很多场所为设计师们作出创新和造就

图 267
20 世纪 70 年代早期，斯科普里中心区

某些新奇的东西，以坚持 Barnett 的广义定义，它也涉及像 Paul Schmitthenner（图 263）或 Heinrich Tessenow（图 264 和图 265）的传统主义建筑。

变革是每种社会 – 文化制度的本质，但变革的速度各地不同。在欧洲，从 19 世纪以来变革速度一直是急促的，在这种耐久动力的情况下，存在着各种加速因素，诸如 1917 年的俄国革命，两次世界大战，这就引发大规模的重建，更多的是地方性规模，如 1963 年在 Skopje 的地震等事件，结果就有了重建规划，并给像丹下健三和阿尔弗雷德·罗特（Alfred Roth）（图 266 和图 267）等国际建筑师工作机会。

除了动乱本身为创新提供机遇的理念外，观察接受创新和成功兴旺之间的关系也很普遍。实际上，整个欧洲从 19 世纪以后，经历了显著的繁荣兴旺，包括战后的东欧集团，在那里，经济增长和"自由西方"并驾齐驱，至少直到 20 世纪 60 年代是这样。

101

图 265
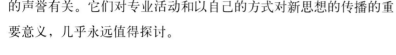
克森州立学校（Sächsische Landesschule），Heinrich Tessenow 和 Oskar Kramer 设计，德累斯顿，1925 年

当谈到创新时，建筑师的年龄也起着作用，尽管勒·柯布西耶说，一个人真正地甩开膀子干只有开始于 50 岁以后。在许多人的建筑生涯中，巅峰时期存在于 32～58 岁年龄段。从 1700 年以来，[18] 这一直是个常数。当然，对这一条规律也有例外：有些人是早期的成功者，还有一些人直到高龄，还继续推出重要的作品。但一般说来，杰出建筑师完成其第一个重要作品是在他们 30 岁出头，而最后的重要之作是在 60 岁之前。在多数情况下，早期作品最具实验性和创新性。它经常是有助于（或有意地）让这个建筑师从前辈中脱颖而出的作品。这对建筑创新说来，永远是一种重要的动因，即激励自己超越前人，自觉地寻求新的解决问题的方法，并充满一种乐观的，对自己把事情干得比 10 年或 20 年前更好的能力的信心，而不在乎那个更好的解决办法 10 年或 20 年后可能会发生的事情。

注释

1. Göran Schildt, *Alvar Aalto. The Early Years*. New York 1984, pp. 219-220
2. Eeva-Liisa Pelkonen, *Alvar Aalto. Architecture, Modernity, and Geopolitics*. New Haven/London 2009, p. 3
3. Schildt Alvar Aalto (note 1), p. 220
4. Grigor Doytchinov and Christo Gantchev, *Österreichische Architekten in Bulgarien 1878-1918*. Vienna 2001
5. Ferenc Vámos, 'Ödön Lechner', in: Nikolaus Pevsner, J.M. Richards and Dennis Sharp (eds.), *Anti-Rationalists and the Rationalists*. London 1973, pp. 97-98, q.v. p. 97
6. H.G. Barnett, *Innovation. The Basis of Cultural Change*. New York/Toronto/London 1953, p. 44
7. Not everyone is convinced of these commonalities between East and West. Inge Beckel suggested in an article in *Werk, Bauen + Wohnen* that at the height of the Cold War there were indeed ideologically informed formal, architectural and urban design differences between the modernism to the east and west of the Iron Curtain. Inge Beckel, 'Im kalten Krieg: Städtebau, Architektur und Politik', in: *Werk, Bauen + Wohnen*, 6 (2010), pp. 36-41, q.v. p. 38: 'Gleichzeitig steht die Stadt, wie sie der Westen nach 1945 anstrebte, in klarem Gegensatz zu Stadtvorstellungen des damaligen Ostblocks'.
8. Recent years have seen the rise of *histoire croisée* or transnational historiography, in which the focus is on cross-border relations. One of the complications of this approach 'stems from the interaction among the objects of the comparison. When societies in contact with one another are studied, it is often noted that the objects and practices are not only in a state of interrelationship but also modify one another reciprocally as a result of their relationship ... Comparative study of areas of contact that are transformed through their mutual interactions requires scholars to reorganize their conceptual framework and rethink their analytical tools.' Michael Werner and Bénédicte Zimmermann, 'Beyond Comparison. Histoire croisée and the challenge of reflexivity', in: History and Theory, 45 (February 2006), pp. 30-50, q.v. p. 35
9. In 1981 they published a new version: Alison and Peter Smithson, *The Heroic Period of Modern Architecture*. New York 1981
10. Peter Haiko, 'The Architecture of the 20th-Century Journal of Modern Architecture. Its Contribution to the Architectural History of Modernism', in: Idem, *Architecture of the Early XX. Century*. New York 1989, pp. 9-12, q.v. p. 9
11. Barnett, *Innovation*, p. 7
12. Jan Fagerberg, *Innovation. A Guide to the Literature*. Centre for Technology, Innovation and Culture, University of Oslo, 2003; www.ivwl.unikassel.de/beckenbach/pdfs/Inno08/Fagerberg._InnoSurvey.pdf.
13. For models see also: Clyde M. Woods, *Culture Change*. Los Angeles 1975; Everett M. Rogers, *Diffusion of Innovations*. New York/London 1983; Richard Morrill, Gary L. Gaile and Grant Ian Thrall, *Spatial Diffusion*. Newbury Park/Beverly Hills/London/New Delhi 1988.
14. See Pierre Bourdieu, 'Les conditions sociales de la circulation internationale des idées', in: Gisèle Sapiro (ed.), *L'espace intellectuel en Europe: de la formation des États-nations à la mondialisation XIXe-XXIe siècle*. Paris 2009, pp. 27-39
15. Victor Karady, 'L'émergence d'un espace européen des connaissances sur l'homme en société: cadres institutionnels et démographiques', in: Gisèle Sapiro (ed.), *L'espace intellectuel en Europe: de la formation des États-nations à la mondialisation XIXe-XXIe siècle*. Paris 2009, pp. 43-67, q.v. p. 60.
16. Hubert van den Berg, '"A worldwide network of periodicals has appeared...", Some notes on the inter- and supranationality of European Constructivism between the two world wars', in: Jacek Purchla and Wolf Tegethoff (eds), *Nation Style Modernism*. Cracow/Munich 2006, pp. 143-155, q.v. p. 151
17. Barnett, *Innovation*, p. 71
18. Garry Stevens, *The Favored Circle. The Social Foundations of Architectural Distinction*. Cambridge, Mass./London 1998, p. 134

第五章
历史和历史编纂学

　　在许多历史著作里，建筑就等同于西方建筑。西方建筑，特别在 1945 年以前的时段里，主要是指欧洲建筑，而欧洲建筑主要又位于西欧，对 1945 年以后这段时期，许多历史则采取了较宽泛的观点，因此美国充当了主角，相应地欧洲的地位就部分降低了，而拉丁美洲和日本则成了配角。

尤其是在重点关注现代建筑发展的书籍里，欧洲——也就是说西欧——是主宰，历史叙述通常是：现代建筑在整个欧洲的传播，是始于其发源地德国、奥地利、法国、瑞士和荷兰。从 20 世纪 30 年代起，由于像密斯和格罗皮乌斯这样的杰出人物的流动和亨利-拉塞尔·希契科克和菲利普·约翰逊（Philip Johnson）等人的声望，这种建筑在美国获得了坚实的基础，在那里，从 19 世纪末以来，一个不依赖欧洲源泉的本土传统发展起来，出现了亨利·霍布森·理查森、路易斯·沙利文（Louis Sullivan）和弗兰克·劳埃德·赖特（Frank Lloyd Wright）三位杰出人物和作为最重要的技术及象征性创新的摩天大楼。

　　拉丁美洲于 20 世纪 40 年代进入这一领域，那时宏伟壮观的现代建筑样板崭露头角，特别是在巴西、委内瑞拉和墨西哥对新建筑关键性的探索，部分是由于 20 世纪 40 和 50 年代在美国的系列展览和出版物的激励。[1] 日本的现代建筑则出现于战后初期，当时这个国家还被美国人占领着。早在 19 世纪中期，日本最初对外开放时，它同美国和欧洲间的文化交流就已经开始。欧美一度流行的"日本风格"（Japonism），以及欧洲建筑风格对日本建筑的影响，同样是这种交流的成果。在第二次世界大战前，[2] 现代的国际建筑就已在日本出现。但直到战后，日本的建筑在国际建筑史上才有着重要的一席之地。然后，约在 20 世纪 60 年代，随着"新陈代谢主义"的兴起，第一次有来自日本的"主义"被引入国际建筑。

　　有一段时间，建筑史认为当代建筑具有较高的一致性，把新陈代谢主义、阿基格拉姆学派（建筑电讯团）、超级工作室和 Yona Friedman 等全新的建筑实践等量齐观；而后现代主义的史学家突破了这种认识，他们认为至少在美国和日本的象征性建筑与更具城市导向性的欧洲建筑之间，存在着显著的差别。

共识

　　由于欧洲长期居于文化霸主地位，所以"世界建筑"常常以欧洲词汇来表达。建筑在很大程度上基于欧洲建筑。这就形成一种流行的难以摆脱的论点（认为是建筑的就是建筑），因为建筑和文学、艺术一样，不能以绝对性的词语去定义，而是建立在一种可变的共识基础上。有关什么可以或应该算作建筑，没有永恒的共识，有关建筑质量分级也没有共识。当很多建筑师、评论家和历史学家说一处房子是建筑时，它就是建筑。在这一说法上还可以加上：对此建筑描述得越多，它就越重要。通过重复的作用，一种常常存在于史学研究的、被认为很重要的手法就变得更重要了。

　　一座重要的建筑物常常是这位相关的建筑师较早的作品，这不但是因为早期作品中频繁出现新生事物的象征，这一点本身很值得注意，而且也因为早期作品往往能对其后作品唤起各种回忆。因此积极的反馈效应显而易见，而业已有趣的东西会变得更加有趣。结果，建筑史常可被解读为几代建筑师的历史，在其中，惯常是三四十岁的人在引领创新和变革之路。

　　何谓建筑，何谓经整修后更好或更坏的建筑，是在一种特定的建筑文化中，取决于对这些问题的共识。这样一种文化不仅由建筑师，而且由观察者和业主所构成。后者通过参与某个有某种才能和特征的建筑师的业务活动而获得社会、文化声望。业主和建筑师的关系在建筑史中并未很受重视，但例外的是自我冲突的轰动性大事，或热忱的业主们完全的相互合作，这些人将他们的生命和前途贡献给一种崇高的建筑理想或一个受尊敬的建筑师。赞助的复杂性，业主、建筑师和其他方的关系，背景同环境以及这些对实现和建成物的影响，通常都隐匿在建筑物的外观后面。

　　在史学研究中，建筑师和其作品成果、设计以及建筑物的角色，通常占据舞台的中心。建筑一般被看成是设计师创造力的产物。在建筑活动中进行的工作，经常由个人来承担：公司的创建人，命名者和负责人。建筑史首先是有关建筑和建筑师的，偶尔也会有某些有关业主的东西，至于其他的东西，媒介差不多总是值得一提的建筑理论的实践者，建筑评论和建筑史也在建筑历史上占有一席之地。所有这些，可以部分地通过该学科的自我意识来诠释（历史学家们中有着一个丰富的传统：写历史学家的历史学家和评论先辈和同事的评论家），但它也源自媒介的作用。尽管建筑师确定了建成环境，但媒介尽力提供理解那一建成环境的框架。

先锋派

　　建筑史学研究不是静止不变，每一新的建筑史建立在以前的历史上，并对它作出反应，新的建筑史也是对所写的时代的反映。后来的发展能够把早先的建筑置于不同的视角，因而导致对先前的事件正面的或反面的重新评价。建筑理论、评论和史学研究的实践者（这些活动由一个人而且是同一个人进行并不罕见）为现代建筑文化中的崭露头角的思想和形态作出贡献，并受其影响。历史是从现代视角来观察的，这一证据可以在历史构成的方式中找到。（每种建筑史多少都是一种服装戏剧的回忆录，这种戏剧经常既表现它的创作时代，又表现它的演出时代。）编写建筑史不带偏爱或偏见（尽管有时存在过这种证据），就好像大多数历史学家明显地都是他们时代的产物，他们的史学研究也应如此。现时的这种史学研究——依我看来——由两种重叠的观点所决定：冷战后的观点和后现代主义的观点。在本书中欧洲比西欧包含的东西多，建筑比现代主义包含的东西多。

　　普遍流行的现代先锋派（功能主义、构成主义、新客观性、现代建筑、现代运动）在通常作品中很明显，部分由于即时的史学研究。现代建筑的历史的编写或多或少和其发展同步进行，现代建筑的兴起和调和作用同时见之于书本杂志、展览和世界博览展馆中。正是在这些场所里，现代传统开始形成并提供了一个现代式过去，和别的作品一道，Gustav Adolf Platz 1927 年的《现当代建筑艺术》（Die Baukunst der neuesten Zeit）和 S·吉迪恩 1928 年的《法国建筑、钢铁建筑与钢筋混凝土建筑》（Bauen in Frankreich, Bauen in Eisen, Bauen und Eisenbeton）同样把 19 世纪的钢铁和后来的混凝土工程作品看作是 20 世纪 20 年代开始出现功能主义历史的前身。E·考夫曼（Emil Kaufmann）1933 年的书《从勒杜到勒·柯布西耶》（Von Ledoux bis Le Corbusier）跨越整个 19 世纪，而 N·佩夫斯纳 1936 年出版的《现代设计的先驱，从威廉·莫里斯到沃尔特·格罗皮乌斯》，则描述了 1850～1914 年。

　　第二次世界大战后，对现代建筑的赞美和历史性地引入继续着，例如阿尔弗雷德·罗特 1946 年的《新建筑》、吉迪恩 1954 年的《新建筑的十年》和越来越多的在一个国家范围内表现"新建筑"的出版物（像"新建筑在意大利"或法国，或德国，或丹麦等这样的标题）。战后现代主义看作战前先锋派的一种合理的延续，尽管没有早期的革命劲头，而且更有甚者，被看作一种解决所有问题的实用办法。甚至在第二次世界大战前实际上还不知道现代建筑的国家里，它在 20 世纪 50 年代也变得很流行了，而在 20 世纪 60 年代则已不言而喻，无处不在。

　　然而在 20 世纪 50 年代的普遍看法是：从第二次世界大战前的现代主义到战后的现代主义存在一条不断的线索。而在 20 世纪 60 年代，日益增强的共识，出现在艺术史界和年轻一代的建筑师中，即在现代建筑和此前的建筑间存在明确的断裂；有时第二次世界大战本身被视为错误路线，但有许多人把这种断裂提前 10 年。这和下述事实有关：现代艺术和建筑在 20 世纪 30 年代早期的希特勒德国、斯大林的苏联和在较小程度上的墨索里尼的意大利已经失宠，但大约在那时也有着"对运动的绝对信念已经消亡"的思想。[3] 在西欧较年轻一代的建筑师中——在包括"团队 10 的 CIAM（国际现代建筑协会）"中——战前现代主义者怀有的理想已经衰落了，这种看法开始流行起来，例如，正是这种论点在雷纳·班纳姆（Reyner Banham）1960 年的书《在第一个机器时代的理论和设计》里得到提升。在该书里，他把第一次机器时代的终点放在 1933 年，5 年以后，班纳姆当时与之密切联系的史密森夫妇（Alison and Peter Smithson）声称，他们称之为"现代建筑的英雄时期"的结束发生在 1929 年初。[4] 对这一争论其后的贡献（有着相同的伦敦背景）来自圣约翰·威尔逊（Colin St John Wilson）和他的书《现代建筑的其他传统，未完的工程》，在书中，圣约翰·威尔逊把班纳姆和史密森夫妇看作约在 1930 年结束的现代主义，崇敬为一个未完成的工程。尤其是有关阿尔瓦·阿尔托、汉斯·夏隆、雨果·哈林和弗兰克·劳埃德·赖特的根本传统，也被 Bruno Zevi 强调为一种延续，他在 1944 年创立了有机建筑协会（Associazione per l'Architettura Organica，APAO），一年后他又出版了《走向一种有机建筑》（Verso un'architettura organica）。[5]

非主流的解读方式

第二次世界大战后在前苏联的强势影响下的国家里，战后不久现代建筑失宠。（就如 1933 年在前苏联本身所发生的情况一样）而代之以纪念碑式的社会主义的现实主义。⁶1953 年斯大林死去后，现代建筑又在整个东欧集团包括前苏联流行起来，但由于战争的打断，战前的现代建筑如今就成了尘封的一章。这一点，哪个地方也没有在前苏联本身更明显的了，在该国战前的先锋派同战后的实践活动之间的鸿沟，比别处更深更宽。在欧洲其他地方，同样，当代建筑和历史上的现代建筑的史学研究间的距离，在 20 世纪 50 年代继续扩大，即使许多历史上的先锋派的领先人物，长寿得足以见证他们早期作品对艺术 - 历史的崇敬，一种他们后来作品很少能热望的状态。

在 20 世纪的史学研究中，现代建筑的英雄时期——第一次机器时代，历史上的先锋派或所叫的任何名字——长期来是一个关键点和叙述的顶点，以前发生的事被视作前奏，以后发生的事作为后果，而同时发生的事则是次要的。这种情况在 20 世纪 60 年代开始改变，由于现代运动的内部批评和在建筑文化中（不仅仅在这儿）的观点，转向对替代物与日俱增的兴趣："没有建筑师的建筑"（就如奥地利出生的世界主义者伯纳德·鲁道夫斯基所说的），大众文化、外来者、业余者、乡土和非西方文化。历史学家也逐渐地对现代主义主流外的东西及其原始现代的过去更感兴趣。这就导致发现现今的历史性替代物：得到认可的现代建筑，例如遍及欧洲的"新艺术"（部分由于 20 世纪 60 年代出现在意大利的"新自由运动"）、在德国和荷兰的砖块表现主义和普通的 19 世纪建筑。同时也出现对传统城市组构的新赞赏，这样的城市的街道和广场周边，排列着坚不可破的建筑墙体。在 20 世纪 70 和 80 年代，这种"替代物"观点，取得了一种智力框架，和用后现代主义的形式的建筑表达法，它为修正建筑史开辟了道路。本来，这种修正可能会比动荡走得更远，但最终 20 世纪 70 年代徒劳的马克思主义史学研究，在很多情况下只不过是一种替代的（思想上的）对同样的事实、名称、工程和事件的解释而已。

后现代主义当然保证重视其他名称和事件，例如在两次世界大战间的年代里的古典和传统主义建筑表达 [Jože Plečnik 和古典主义者 Gunnar Asplund 的作品，阿尔托的早期作品或奥古斯特·佩雷（Auguste Perret）的晚期作品]。但从长远看，它对改变史学研究的均衡性并未起什么作用。从后现代主义思潮出现以来出版过的最重要的历史著作中，例如 20 世纪 80 年代的典范性作品 K·弗兰姆普敦的《现代建筑》、《关键性的历史》和威廉·柯蒂斯（William Curtis）的《1900 年以来的现代建筑》，现代路线和西方 / 西欧建筑继续占主导地位。

尽管如此，现代东西经过几十年不断地被肯定和持续后，它在后现代主义中的相对化和细致描述，就成了一个不同的历史观点的重要起点。在 20 世纪 90 年代的超现代的全球化建筑中，存在着一种相同的观点广泛的可能性，并且间接地引向对国际风格的战后现代主义的重新评价。以前，从后现代主义观点看，它一直主要是被看作那个英雄的战前时期的实用主义的反映，而今现代主义作为 20 世纪 90 年代的全球化建筑的先驱，有了新的作用。在近期的传统风格建筑浪潮，同 20 世纪 60 和 70 年代最新现代主义建筑中经常怪异的形态材料实验的（再）发现之间，也存在一种不起眼的类似物，而中、东欧就看似其主要的宝库。在第比利斯的交通部（到 20 世纪 80 年代初期才建成）就是一个常被拍照的样例；同样，像在布拉迪斯拉发的城市"东欧现代"建筑，也属于此类的原型传统风格建筑。

僵化

在建筑观点上的各种转变，对建筑史的主要故事线索，影响有限，而且这种影响变得日益僵化。最大的机动性则见之于现代建筑的史学研究中，它通常过多地被揭示（而且还在展示其后来将要消失的多重性），正因为如此，在最近的过去，它却往往宣传不足，并被认为不太重要，而后来证明不是。最近的过去比起较远的过去来，常常处理得缺乏综合性。过去 10 年，和 10 ～ 30 年的建筑相比，常常能被更好地表述出来。历史学家审美力上的变化并不迟钝。单是新奇性就经常使新建筑同周围存在较久、因而看上去好似过时陈旧的建筑相比，显得更有吸引力。新奇性也许磨损了这个建筑，但它仍然过于新颖而被看作是永久性的。

因为不同的主题和观点主宰着每个时期，在某种意义上说，历史就不停地被重新写过：被过多书写和改写。这一点，主要见之于对相同的事件业已说过和写过的东西的诠释：或者包含在省略以前已经说过的东西内，但现今，从一个新的视角来观察，因而就显得不太重要了。重写历史通常涉及增加一两件以前没有或者很少被考虑过的事情。

过多被书写和被诠释的东西变得更僵化。被省去的东西，如果观点的改变对其有利，也许就有第二次机会重现，但通常被遗忘；非常偶然的是，某些被增加上的东西，在历史上终于获得一个永久的位置。但总的说来，紧接着僵化便是销蚀。那些存在的明显多方面和多形态的东西中，最终留下来的是一个小而经过周密计划的核心部分，并以先锋派、革命、创新和现代性作为它的主体理念。

许多较老的工程的历史的僵化和销蚀，是由下述事实形成的：它们留传下来的图像资料很少（或无论如何很少有显示它们的原型和竣工后状态的图像）。比外，许多工程是从一个单一的强制的角度来观察：BBPR 的 Velasca 塔高耸于城市米兰之上，总是从米兰大教堂 Duomo 来拍照，Gunnar Asplund 的"林地公墓"从一个低视点来观察，因此它从带坡度的草坪上突出来，就像一座古典寺庙。建筑史变成了各种符号象征的汇集，更大的关注放在建筑物上而不是放在平面和剖面上；放在室外而不是室内上；放在整体而不是细部上。这对一般作品来说是习以为常的，包括现在的作品。如果决定对大量工程只展示少许情况，那么就有篇幅为每一个工程展示详尽的情况了。

欧洲，东部和西部

僵化进程尤其适用于建筑。半个世纪的思想意识的划分，也在艺术史上把这片大陆的东西两部分分隔开来。以西部作为主导一方，现代主义作为主流运动。20 世纪建筑史如前所述，主要由西欧的现代建筑构成，而现代主义以外的建筑只作简略涉猎。从过去 75 年的主要参考书看，这一点就很明显：尽管它们的标题提示的不一样，但实际上它们统统重点关注西欧和现代建筑。在 1943 年出版的《欧洲建筑概要》中，该书的涉及面超过了 20 世纪前半个世纪。佩夫斯纳证实了地理限制对西欧的作用，他以保加利亚为例证："如果在书中后面部分根本没被提到的话，那么保加利亚在过去隶属于拜占庭帝国，后来又属于俄国势力范围，而现在她的重要性如此微弱以致往往被忽略，这些前因后果是可以通融理解的。因此一切在欧洲建筑发展中，只具有微不足道的兴趣的东西和一切非欧洲性的东西——就如我提议使用'欧洲性'这个词——在性质上是西部的，在本书中将全被删除。"[7] 中欧和东欧同样在 Arnold Whittick 1950 年出版的书《20 世纪的欧洲建筑》中找不到。尽管此书未获得规范作品的身份，但从积极方面说，以其强调公共领域是建筑任务的核心而凸显出来。1959 年 Henry-Russell Hitchcock 的书《建筑：19 和 20 世纪》，是为数不多的著作之一，它认真考虑"称为传统的建筑"。同大部分其他参考书相比，Leonardo Benevolo 1960 年的书《现代建筑故事》勾画出更加完整的图面（例如，也通过给战后东欧的社会主义现实主义以篇幅）。

在《20 世纪建筑，可见的历史》中（该书 1972 年首次发行，1991 年再次增大内容），作者 Dennis Sharp 对现代建筑的做了广泛的描述，特别是对 20 世纪前 10 年。Manfredo Tafuri 和 Francesco dal Co 1976 年出版的书《当代建筑》，以其现代思想而不同凡响。该书和许多其他的参考著作相比，较少一般性叙述。[8] 在他 1980 年的书《20 世纪建筑与城市规划（Architektur und Städtebau des 20. Jahrhunderts）》中 Vittorio Magnago Lampugnani 和其前辈 Hitchcock 一样，认真对待传统主义，但不同于多数一般著作。该书没有包含编年序列的事件，而强调许多贯穿整个世纪的长长的线索。大约与此同时，1980 年弗兰姆普敦的书《现代建筑》和 1982 年威廉·柯蒂斯的书《1990 年以来的现代建筑》出现了，这两本书和佩夫斯纳的书一样，主要把建筑当作一种西方现象，尽管后来的版本以较多的篇幅和注意力关注西欧以外和美国的建筑。

后现代主义

在这同一时期，明显地对一般作品来说，硕果累累。但也有一两本有关后现代主义的书，例如保罗·波托盖希（Paolo Portoghesi）1980 年的书《现代建筑之后》（Dopo l'architettura moderna），当年，他领导在威尼斯两年一次的题目为"呈现过去"的第一届国际建筑展览。大多数后现代主义的当代历史对美国流派和 Paolo Portoghesi 称之为"欧洲地平线"之间划定了明确的界线。同样的划分，在 1984 年 Heinrich Klotz 的书《现代与后现代，当代建筑 1960 ～ 1980》（Moderne und Postmoderne，Architektur der Gegenwart 1960 ～ 1980）（原书 Gegenwert 为 Gegenwart 之误——译者注）中也很明显。只有在 1977 年查尔斯·詹克斯（Charles Jencks）的开拓性作品《后现代建筑的语言》中，才未提到那种区分。美国的后现代主义建筑主要是带象征含义的单体建筑物，而欧洲的后现代主义建筑则更多地植根于城市和其组成部的建筑物上：换句话说，有着传统城市结构的欧洲城市，20 世纪 50 年来的大规模现代化，在许多地方受到损坏。像 Maurice Culot、Josef Paul Kleihues、莱昂·克里尔、阿尔多·罗西和 O·M·翁格尔斯等建筑师，各自以自己的方式倡导修复这种城市结构和由此的对欧洲城市的重建。对城市重新评价的要求，也来自一个完全不同的地方。雷姆·库哈斯的宣言之作《狂乱的纽约》同样反映出一种态度：把城市作为一个整体而不是单个建筑物来看待更为重要。

对美国和欧洲后现代主义建筑的差异的表述，有助于逐渐认识：有一种特殊的欧洲建筑，它不同于一般的建筑。此外，由于后现代主义的相对论，建筑作为一种单个的重大叙述的思想连同自发的对一种普遍的固有的建筑史的假想已经失去市场，而代之以一种多种叙述的历史。例如由弗兰姆普敦和柯蒂斯讲述的那些故事，从这方面说，他们的书就是后现代主义思维方式的产物，这种思维方式比现代思维更有包容性，但绝不是完全包容。

地理界线

在所有参考书中，包括后现代主义的书，俄国先锋派正是有关在西欧外的这一运动唯一要详细对待的；乐观地说，中欧和东南欧很少受到重视，但例外的是在布拉格的捷克功能主义、布尔诺和兹林以及非常偶然的捷克立体派。即使那时路斯和密斯在布拉格的作品以及布尔诺通常比捷克的建筑师受到更多的注意，正如"天鹅绒革命"后，由弗兰克·盖里（Frank Gehry）设计的 Ginger & Fred 写字楼比在捷克任何其他建筑受到更多的公众注意（而盖里比本土的合作建筑师 Vladimir Milunić 获得更高的声望，后者正是提出最初理念的人）。至于其他人要算 Jože Plečnik 了，他活跃于维也纳、布拉格、卢布尔雅那和前南斯拉夫其他地方，是唯一的中欧建筑师在参考书中占有一席之地。并得到后现代主义广泛的史学研究的承认。

不可避免的结论是，在大多数一般作品中，对欧洲大陆外面的区域没有或者很少有兴趣。这一点也适用于除了革命的先锋派和在革命先锋之后的前苏联、土耳其、格鲁吉亚、乌克兰、罗马尼亚、保加利亚、塞浦路斯、希腊、马耳他，也适用于高迪和科德尔奇之间的西班牙，也适用于阿尔瓦罗·西扎和波尔图派前的葡萄牙，也适用于冰岛和爱尔兰，也适用于查尔斯·R·麦金托什后的苏格兰，也适用于挪威和波罗的海国家。但是甚至波兰、匈牙利和斯洛伐克和像卢森堡这类的小国家一起，不得不甘愿接受最少的注意，同样，欧洲殖民地和其他海外地区也一样。

自 1989 年以来，从地理上和文化上讲，欧洲建筑一直存在一个值得注意的重新定向的问题。在地理上，由于更多的注意力正在逐渐投向中欧和东欧，以及这片大陆的边缘也包括在这些地区内。在文化上，因为历史关注重点正在扩大，不只限于单纯的现代建筑而已，这在某种程度上讲，当然是可避免的。现代历史和西欧建筑至今如此频繁地被研究，以致新一代历史学家们别无选择，只好把他们目光投向其他科目和主题上。

对更广阔的地理观点的一个贡献是有 10 章篇幅的《20 世纪世界建筑精品集锦》（中国建筑工业出版社出版，K·弗兰姆普敦、张钦楠主编——译者注），并于世纪之交时出版；把整整一章和另外两章的重要内容放在欧洲上。这些序列不只是涉及西欧，也不是只谈现代建筑。在波兰东北部 Bialystok 的 Rochus 教堂（由 Oskar Sosnkowski 设计，1927 ~ 1946 年），在选址和建筑表现方面，堪称新方式的典范。每章特载 100 个工程。在整个序列中欧洲约占 20%，这反映全球历史的均衡处理方法，从而避免了通常的以欧洲和西方为主的做法。（就是说，有关中非和南非部分，很多建筑物可以被视为基于欧洲样式的殖民地或后殖民地建筑。）序列按照 1965 年首次出版的 Udo Kultermann 的书《世界新建筑》的传统做法。[9] 在该书中，作者展现了一种地理上、形态上广阔的建筑景象，并且给予欧洲东部很大的关注。在此书 1976 年的新的修正本中，全球性观点更加明显，突出了原版的主题，《东欧建筑融入西方现代建筑背景中》，就成了冷战中不落俗套的做法。Kultermann 在 1985 年的《东欧的当代建筑》中又回到了东欧建筑的主题。这是一种平装本的书，但其重要意义要比其简朴版式大得多，它是少有的把"铁幕"东边的建筑处理成连续叙事的出版物之一。在该书中，Kultermann 强调，"东欧建筑……其丰富多彩与迷人程度不亚于西欧和美国"（Architektur Osteuropas... genauso Vielseitig und faszinierend [ist] wie diejenige Westeuropas und Amerikas）。[10] 在 1970 年曾经就有过要表达东欧建筑概况的早期尝试，如在《巴尔干国家的现代建筑史》（L'architettura moderna nei paesi balcanici）一书中，Alberto Mambriani 考察了保加利亚、罗马尼亚和南斯拉夫的建筑，尽管不如 Kultermann 那样系统和清晰。

冷战期间在东欧本身，从未有过奢望要提供一种连续性的社会主义国家建筑图景，例外的是保加利亚的期刊《建筑与社会》（1985/1986 年）特刊，专论"社会主义国家的建筑的起源"。这一历史提供了一种罕见的对东方集团带有政治色彩的地理和文化的重点关注。在其片面性中，有着一种同样经过选择的、在西欧（和美国）发行的"铁幕"时期的历史的翻版。这使 Felix Haas 的书《Architektura 20.Stoletiî》不同寻常，该书 1980 年发行于布拉格，比起其他一般作品来，它以更多的篇幅关注捷克和俄罗斯建筑，甚至罗马尼亚和保加利亚也在关注之列。

国家历史

几乎没有任何全面地涉及欧洲层次的建筑的著作，不管是在冷战前，冷战中还是冷战后（考虑到他的明显的片面性，甚至佩夫斯纳的书，不管其标题如何，也不能被认为是这类的书）。但是，有好几个项目表露了一种泛欧宏愿，或者说一种要探索最近建筑史上的未知地区的意愿。例如，有关在法兰克福的德国建筑博物馆（DAM）的展览的 8 部分序列书籍：《20 世纪建筑》，这 8 部分于 1995 ~ 2000 年间出版，分别讲述奥地利、爱尔兰、葡萄牙、瑞典、瑞士、希腊、芬兰和德国（除了德国和瑞士外，都是欧盟的新成员国）。用于爱尔兰、葡萄牙和希腊的欧洲史学研究的卷册的意义最重要。因为从国际角度看，对这些国家的研究最少。尽管不是这个序列的一部分，但 2000 年末出版的《20 世纪的西班牙建筑》，伴随着另一次在德国建筑博物馆的展览，当然也很适合。参与了所有 9 本书编写的 Wilfried Wang 确实可以说在展示欧洲建筑中起了关键性的作用。

对中欧建筑来说，由 Adolph Stiller 2000 年以来编写的国家组织的系列展览目录，具有重大意义。Stiller 在展示那些在欧洲建筑史上通常处于次要地位或毫无地位的国家方面，做了开拓性的工作。这个序列包含了有关斯洛伐克、克罗地亚、保加利亚、斯洛文尼亚和波兰的 20 世纪建筑的卷册，外带有关芬兰（已在许多国际出版物中出现过）和卢森堡的目录（和保加利亚一样，以前从未受到过国际关注）。这些出版物的关注点总是放在现代建筑上，但它们提供了一份有价值的以前得不到的概述。

至今，Wang 和 Stiller 一直负责总计 16 个国家级考察的项目，由于他们的坚韧不拔和系列安排，这项工作有助于对大半个欧洲的建筑发展进行对比，就这一点说，合起来就超越了国家界限。

跨界联系

虽然时间很有限，但背景同时很重要的是由 Wojciech Leśnikowski 编辑的一本 1996 年的书：《东欧现代主义，捷克斯洛伐克、匈牙利和波兰在两次大战间的建筑》。书中包括 Vladimir Šlapeta、John Macsai János Bonta、Olgierd Czerner 和 Leśnikowski 本人的稿件。有趣的是，他们不但讨论了在三个中欧国家里的现代主义，而且也一贯地把它置于别的两战中间的建筑表现的环境中。由于他们探讨的有关建筑处在严格的国有框架内，奥匈双重君主国和此前的哈布斯堡帝国很少引起人们的注意。像塞尔维亚的 Nikola Dobrović 这样的建筑师，他的大部分工作是在南斯拉夫进行的，但他最早是在布拉格工作，他在此书的捷克斯洛伐克部分却没有出现。Leśnikowski 的序言性论文的标题"从欧洲观点看捷克斯洛伐克、匈牙利和波兰建筑"，表明把东欧列为"非欧洲部分"的习惯做法。

建立跨界联系是 Ákos Moravánszky 在出版物中的拿手之一，如《对立看法：1867 ~ 1918 年中欧建筑的美学发明和社会想象》和《建筑学的创新：1900 ~ 1940 年中欧现代建筑之路》(Die Erneuerung der Baukunst：Wege zur Moderne in Mitteleuropa 1900 ~ 1940)，这也适用于 Eve Blau 和 Monika Platzer 编写的书《造就伟大的城市，1890 ~ 1937 年中欧现代建筑，维也纳、布达佩斯、布拉格、克拉科夫、萨格勒布、利沃夫、卢布尔雅那、布尔诺、蒂米什瓦格、兹林》。对城市的重点关注是有道理的，因为它让作者把国家大事搁置一边，而集中关注城市建筑和城市设计通常发生问题的层次上。同样，把广阔的视角和对单个城市的关注作为文化发展的中心，也可以在伊丽莎白·克莱格（Elizabeth Clegg）的《1890 ~ 1920 年中欧艺术设计和建筑》一书中找到。这些出版物很独特，因为一般趋势是选择国家历史的框架，而这种趋势从 19 世纪民族主义的鼎盛期以来一直很流行。因此，20 世纪的欧洲建筑很大一部分都强调了民族历史性。民族历史经常用一种语言而不用民族语言出版，以便让国际读者易于接受。通常，民族界线就是这些研讨的地理分界，在那里，民族界线、文化界线和经常的语言界线协调一致。

此外，还有相当多的专著论述独特建筑师们的作品、个别城市的调研、特殊学派和风格时代以及对城市和地区的建筑手册。甚至像比利时安特卫普省布拉斯查特这样的小城市都有自己的建筑手册。在这种情况下的城市分两类，一类涉及 1920 ~ 1940 年时期，第二类涉及 1940 ~ 1975 年间。例如，最近有关在塞尔维亚的后现代主义的出版物，20 世纪 70 年代的塔体学派的新先锋派和在斯洛伐克的战后现代建筑，都表明，越来越多的有关欧洲建筑历史的章节正在逐步被编写。

总之，这些出版物提供了一种万花筒式章节，尤其是片断的各种各样的大量的有关欧洲建筑的图景，这些东西有时——如在本书中——就成了构成欧洲大陆所有单个国家的共同术语，它也被用来区分某个国家同完全是外来的，但文化和理念上仍然很近似的国家。比起"世界"一词来，"欧洲"明显地是一个更准确的指称。"别处"一词，无论在世界还是在欧洲范围内，都是一个含糊的指称，它常作为新发展的源头而被提出来。不管是"新艺术"还是后现代主义，在大多数民族历史中所谈论的创新和发明，不是土生土长的，而是来自别处的东西，而创新和发明的速度，就成为同欧洲其他地方或世界对比的民族文化的现代性的衡量标准。

视角

这种民族观点，同作为国界外的所有事物的指称如"国外"、欧洲、世界其他地方、国际的等，在很多方面说，都是令人生疑的，因为它设想某一国家同其他国家之间的关系是一种单一的关系。然而，不管"其他的"一词如何广义或狭义地被解释，它们之间总是存在同步联系、交流、类似和相同性。

19 世纪民族主义的出现以来，民族观点一直是一个非常流行的主题。然而，在建筑史上，它只是三种常用的观点之一：第一种是一种抽象的国际视角，如在大多数一般建筑史上被采用，在这儿建筑是处在一种国际领域里，它看似超出领海范围，而且大部分同任何地理或文化背景相分离；第二种是国家视角，凭着它，国家界线和文化界线协调一致，而不管这些国家界线历经多少世纪的任何变化，毫无疑问在欧洲就是这样做的；第三种是专论视角，在这种专论中，关注重点放在建筑所有作品和单个建筑师上。

除了上述三种视角，人们还可以插入另外两种，它们虽然不大流行，但很值得探讨。作为为专论的轻车熟路，是民族历史和国际历史的补充。在专论和民族历史之间，还有城市历史，就如 Eve Blau 和 Ivan Rupnik 所编写的有关萨格勒布一书所例证的城市比起国家来，在地理上、文化上、社会上和经济上解释起来更简单和令人信服。即使当国家界线大变更，以致城市最终归属于另一个不同的国家，如波兰城市布雷斯劳 / 弗罗茨瓦夫和但泽 / 格但斯克所发生的变化。

在严格的国家框架和无边界的国际领域间，人们也可以插入一种可称之为"超国家的"处理方式，但要当心这个词在所谓的"混乱的历史"上极其流行。有了这个词，对证实各种发展间的关系来说，领土的、语言的和文化的界限就不是障碍了。

作为一种文化观念和甚至作为一种地理指称，"欧洲"是含糊不清的，但对一门超国家的，有时坦率地说是世界主义的学科如建筑学来说，在很多方面，为了观察国家作为一个有机整体的多变以组成因素，它有助于缩微分析。自从冷战结束以来超国家观点是一种在普通史学研究上一直流行的方式。在欧洲，它也是冷战的产物。然而，在建筑史学研究上，这种方法留下的痕迹很少。大多数超国家范围的书又细分成国家章节，本书就是试图为促成发展中的类似和对立、相反和协调、相同和差异之间的联系打开通向新方式的大门，只要是为了表示至少存在着相似的联系，而这些联系又有望被看作更细致观察历史上的相互交流的原因。考虑到本书不可避免的简洁和不完整的特点，也许在这方面不把它看作一本 20 世纪欧洲建筑史，而看作那种欧洲建筑的超国家历史的一种"理念"更为确切。

注释

1. See for example: Philip Goodwin, *Brazil Builds. Architecture New and Old 1952-1942*. New York 1943; Henry Russel Hitchcock, *Latin American Architecture Since 1945*. New York 1955; Henrique E. Mindlin, *Modern Architecture in Brazil*. [English language edition Published 1956 by Reinhold Pub. Corp. in New York .]
2. Ken Tadashi Oshima, *International Architecture in Interwar Japan. Constructing Kokusai Kenchiku*. Washington 2010.
3. Alison and Peter Smithson, *The Heroic Period of Modern Architecture*. New York 1981 (orig. 1965), p. 5.
4. Reyner Banham, *Theory and Design of the First Machine Age*. London 1960; A. and P. Smithson, *The Heroic Period of Modern Architecture* (note 3), p. 5. For a detailed consideration, see also A. Vidler, *Histories of the Immediate Present. Inventing Architectural Modernism*. Cambridge, Mass. 2008.
5. Bruno Zevi, *Verso un'architettura organica*. Turin 1945.
6. See, for example: Anders Åman, *Architecture and Ideology in Eastern Europe during the Stalin Era. An Aspect of Cold War History*. New York/Cambridge, Mass. 1992 (orig. 1987).
7. Nikolaus Pevsner, *An Outline of European Architecture*. London 1990 (orig. 1943), p. 10.
8. Tafuri and Dal Co begin with Art Nouveau as 'negative prologue', and describe this movement as 'the ultimate great effort of the culture of the upper middle class to mark off an area of its own within a common language presumed to apply to every situation and class'. Manfredo Tafuri and Francesco Dal Co, *Modern Architecture*. New York 1979, p. 11; original Italian edition 1976.
9. Kultermann was editor of the World Architecture volume on Central and Southern Africa.
10. Udo Kultermann, *Zeitgenössische Architektur in Osteuropa*. Cologne 1985, p. 8.

Iceland

Norway

Sweden

Denmark

United Kingdom

The
Netherlands

Germany

Belgium

Luxembourg

Austria - Hungary

France

Switzerland

Romania

Serbia

Italy

Montenegro

Bulgaria

Ottoman
Empire

Spain

Portugal

Greece

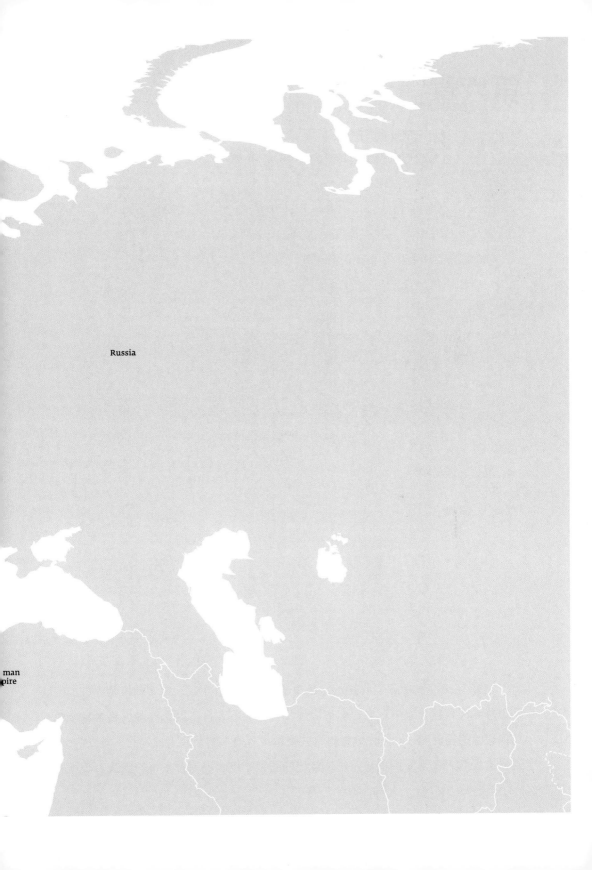

第六章
1914 年前

在整个 20 世纪中，当代性都是建筑学的一项中心主题。很多建筑师面临的问题是怎样给现代社会赋予形态。他们同现代性的关系各自不同，有些人将各种变革视为现代性的构成部分，热忱地拥抱这些变革；有些人则采取了批判的、对立的立场，这种立场既表现为维护和复兴建筑传统的吁求，也表现为对永恒的建筑表现模式的追求。还有人取这两极之间的立场，走上了一条融合传统与创新、成规与实验的广阔的中间道路。

与当代性一道，认同也是 20 世纪建筑学的一项主导主题。建筑学上的认同通常源自地理因素，来自对景观、国家或更大范围区域的真实或假想的情感，这些地理因素包括阿尔卑斯山、地中海、北欧等。从一个有些自相矛盾的意义上说，人们常归于建筑的那些国际化特征，有时恰恰包含了地理认同。同时，地理认同也可以扎根在意识形态或社会形态中，而建筑作品就是它们的一种产物和表现。建筑结构可能会被设想或理解为民主的、社会主义现实主义的、共产主义的、社会主义的、法西斯主义的或者社团主义的，而由此就产生了认同，无论"认同"一词看起来如何抽象。认同与当代性之间相互结合的多种不同方式，让建筑成为对时间与地方的双重表达。

当代性和认同的主题在 19 世纪就已经在起作用。由于民族主义的兴起，文化认同成为一个焦点问题，因此认同就与民族主义联系起来了。而民族主义（以及具有自身国旗、国歌、货币、邮票和各类国家机构的民族国家）又可被看作现代化的一种表现。反之，现代化经常被在国家框架内理解、在比较的语境中（一个国家被说成比另一个国家更现代）提出。

图 269
住 宅 楼, Grahn, Hedman & Wasastjerna 设计, 赫尔辛基, 1898 年

图 271
Nibelungen 大 桥 的 塔 楼, Karl Hofmann 设计, 德国沃尔姆斯, 1897~1900 年

图 268
Alexander Nevski 大教堂, Mikhal Preobrazhenski 设 计, 塔 林, 1894~1900 年

图 270
Alexander Nevski 大 教 堂, Alexander Pomerantsev 设 计, 索 菲 亚, 1882~1912 年

世界博览会

　　这种尽可能追求现代化的国际竞争，明显地出现在 1851 年开始的世界博览会上。一次世博会对所有参展国来说就是一次展示他们在科学、技术和工业上的进步的机会，对主办国而言，就尤其要通过壮观的展览建筑而显示国家的荣耀。这一惯例是在伦敦主办的首届世博会形成的，Joseph Paxton 特地为这次世博会设计了"水晶宫"（图 278）；这种做法在巴黎则达到了另一个高峰：1889 年的巴黎万国博览会（图 279 和图 280）举办于法国革命 100 周年之际。为展览修建的建筑物不但包括令人难忘的展馆，而且也包括埃菲尔铁塔，这座铁塔最初打算是暂时性的，因为它既不是当时建造的唯一壮观的钢铁构筑物——例如，试想英格兰的福思河大桥（John Fowler 和 Benjamin Baker 1883 ~ 1890 年设计建造，图 281）——即使在巴黎也不是第一个，如 John

图 272
住宅楼，A. Vite 设计，里加，1907 年

图 274
"球体下的房子"，Tadeusz Stryjeński 设计，克拉科夫，1904~1906 年

图 276
综合艺术和工业展览主馆，Ferdinand Boberg 设计，斯德哥尔摩，1897 年

图 277
剧院，Carl Moritz 设计，波兰卡托维兹，1906~1907 年

图 278
大展览的水晶宫，Joseph Paxton 设计，伦敦，1851 年

图 273
Tampere 大教堂，Lars Sonck 设计，芬兰，1902~1907 年

图 275
德国大使馆，彼得·贝伦斯设计，圣彼得堡，1911 年

Baltard 于 20 世纪 50 年代设计的巴黎中央菜市场（图 282）。从工程上说，埃菲尔铁塔和几年后，即 1896 年由 Vladimir Shukhov 在俄国波利比诺创建的双曲面结构相比，实际上不如后者先进。尽管它的电梯，埃菲尔铁塔也赶不上运输桥的动力性能，该桥由 Ferdinand Arnodin 发明并获得专利，首先由 Alberto de Palacio 在毕尔巴鄂外面的 Getxo，内尔维翁河口使用（1888～1893 年）。但是由于它的巨大高度（317 米）和在巴黎的中心位置，埃菲尔铁塔比其他任何构筑，是新时代一个更加激动人心的象征。鉴于它的壮观特质和典范性价值，在建筑史和法国首都其居于中心地位是可以理解的。在新建筑反对复兴 19 世纪风格的叙事中，埃菲尔铁塔作出了一个完美的榜样，它那毫无掩饰、没有装饰的骨架，在很大程度上由工厂生产的部件组成，而这些部件又由现代建设材料做成。所有这些使之成为 20 世纪 20 年代的功能主义运动的先驱或前奏。

图 279
埃菲尔铁塔，Maurice Koechlin（首席工程师）和 Émile Nouguier 设计，巴黎，1884 年

图 281
福思河大桥，John Fowler 和 Benjamin Baker 设计，苏格兰法夫，1883~1890 年

图 282
中央菜市场，Victor Baltard 设计，巴黎，1863 年

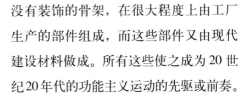

图 280
万国博览会的机器长廊，Charles Louis Ferdinand Dutert 和 Victor Contamin 设计，巴黎，1889 年

图 284
运输大桥，Ferdinand Arnodin 设计，马赛，1905 年

图 283
全俄工业和艺术展览塔，Vladimir Shukhov 设计，俄国诺夫哥罗德 Nizhny，1896 年

图 286
Saint Jean de Montmartre 教堂，
Anatole de Baudot 设计，巴黎，
1904 年

图 290
主显节教堂，Ferdinaud Boberg 设计，
瑞典萨尔特舍巴登，1910~1914 年

图 285
富兰克林大街上的公寓楼，
Auguste Perret 设 计，巴 黎，
1902~1904 年

图 288
Johannes Gutenberg 体 育 馆
（建筑师不详），德国埃尔富特，
1906~1909 年

图 287
在 Bourge-la-Reine 的 宅 邸，
François Hennebique 设计，法国，
1903 年

图 289
阅 览 室（lyceum），Viktor J.
Sucksdorff 设计，芬兰奥卢，
1907~1908 年

图 291
德 国 剧 院，Nikolai Vasiljev 和
Aleksei Bubyr 设计，塔 林，
1906~1910 年

    1900 年前后几十年，大部分建筑的命运已经看作从 19 世纪到 20 世纪的过渡或者未来趋势的前兆。许多评论家为了预示 20 世纪 20 和 30 年代的激进现代建筑，仔细观察了世纪之交的设计或建筑物——相同性越多，就越好。这种观点不仅适用于埃菲尔在钢铁上的实践，而且也适用于 Anatole de Baudot 在 Saint Jean de Montmartre 教堂（1904 年，图 286），Francois Hennebique 在法国 Bourge-la-Reine 的宅邸（1903 年，图 287）以及奥古斯特·佩雷在他的巴黎富兰克林大街公寓楼（1904 年，图 285）的混凝土实验。把这些建筑看作 20 世纪 20 年代现代建筑的先驱是一个时代错误的习惯，这个习惯对建筑的时代主题未能充分表达，当时"现代的"、"新的"这样的词经常互换。在 1889 年万国博览会和 1914 年 6 月 28 日弗朗兹·斐迪南王子在萨拉热窝被杀（第一次世界大战由此爆发）之间的较短时间里，欧洲建筑经

图 292
Kallina 住房, Vjekoslav Bastl 设计,
芦格勒布, 1903~1904 年

图 294
商会, Louis Marie Cordonnier 设计,
法国里尔, 1910~1921 年

图 295
斯德哥尔摩煤气厂办公楼, Ferdinand Boberg 设计, 斯德哥尔摩,
1906~1914 年

图 293
文化宫, Ion D.Berindei 设计, 罗
马尼亚雅西, 1906~1925 年

历了一个发展鼎盛期。这不单单是同 19 世纪的决裂和 20 世纪现
代运动的前奏。

新艺术

　　约在 1900 年的欧洲文化, 处在从世纪末到世纪初的过渡时
期的思想——与之相反的是认为这段时期是独立的——也暗含在
新艺术的传统看法内。长时期来, 一种被事后聪明歪曲的观点,
导致对这一风格的模糊认识, 也被称之为其他许多当地的名称, 例如在德国和奥地
利的 "青年风格"(Jugendstil) 或 "青年派"(Jugend)、在英国的 "自由"、在荷兰
的 "新艺术"(nieuwe kunst)、奥地利的 "分离主义"、意大利的 "繁花风格"(floreale)
和西班牙加泰罗尼亚的 "现代主义"(modernismo)。这一系列名称说明了超国家的
新艺术运动的特点, 本质上说, 它是一种语言, 众多习语。布鲁塞尔、巴黎、慕尼黑、
达姆施塔特和维也纳就是这种新风格的主要中心, 它们的许多分支不久就遍布欧洲。

　　新艺术以各种各样的艺术形式表现出来。同新艺术相关联(经常是松散关联)
的建筑常常作为从 19 世纪的复古主义到 20 世纪的现代建筑道路上的绕道而被抛弃,
而后者因为只在风格上相互交换而受到损害。这种推理方式, 全然不顾新艺术中丰
富的多样性、众多的国家分支和设计师们的意图, 他们正确地把自己看作对全新建
筑的创造而非风格上的权宜之计。

图 296
Les Glycines 别墅，Émile André
设计，南锡，1902~1904 年

图 297
De Zeemeeuw 别 墅， 亨
利·凡·德·费尔德设计，海牙，
1901~1903 年

图 299
Ciamberlani 旅馆，Paul Hankar 设
计，布鲁塞尔，1897 年

图 301
Pod Jedlami 别 墅，Stanislaw
Witkiewicz 设计，波兰扎科帕内，
1897 年

图 303
Hradec Králové 博物馆，Jan Kotěera
设计，捷克，1909~1912 年

图 298
Fingov 住房，Georgi Fingov 设计，
索非亚，1907 年

图 300
Majorelle 别墅，Henri Sauvage 和
Lucien Weissenburger 设计，南锡，
1898~1901 年

图 302
股票交易所，Lars Sonck 设计，赫
尔辛基，1911 年

图 304
信贷银行，Eliel Saarinen 设计，埃
林，1912 年

图 305
蓝色教堂，Ödön Lechner 设计，
布拉迪斯拉发，1907~1913 年

　　新艺术在其表现和根本的理念上极其复杂。它把对新技术的兴
趣和对工艺传统的深深赞赏结合在一起，让批量生产和独特的手工
相结合。正是现代运动从国家和地区建筑传统中得到启发，并且为
日本理念和 19 世纪折中主义，及复古主义某些方面的易变的高雅
的延续留有空间。现代运动可以被解释为资产阶级的和精英论的，
但也作为一种大众文化的表达方式。Jeremy Howard 认为，新艺术
根本不是一种风格，说得更确切一点，一种广泛的运动"在其中，
某些形式特点得以再现，某些思想得以表现出来"，[1] 这样的特点之
一被 Stanford Anderson 认定为："在 1900 年前后，几乎普遍关注作
为形态元素的线条"。[2] J·Howard 把新艺术看作本质上基本上是对

图 306
Elizabetes lela 住 宅 楼，Mikhail
Eisenstein，里加，1903 年

立的："事实上，新艺术的强项和活力来自它的多样性、复杂性、含糊性和泛欧表现形式"。他甚至进一步宣称，"它表现的形态争夺就是一种世界观的争夺"。尽管令人生疑，这是否反映了世纪之交建筑的经历。"它是沙文主义和博爱、科学同艺术、异教徒同基督徒的混合。它可能既是衰落的，又是进步的；既是国家的，又是自由的；既是东方的，又是西方的；既是乡土的，又是国际性的；既是城市的，又是农村的；既是最高权力的，又是社会的；既是自然的，又是人造的；既是物质的，又是精神的。"[3]

因此，新艺术被界定不只是包含丰富的建筑装饰风格，如在布鲁塞尔、巴黎和南锡，由 Victor Horta、Paul Hankar、Henry Van de Velde、Hector Guimard 和 Henri Sauvage 这样的设计师所设计的。对 J.Howard 说来，新艺术包括 Stanislaw Witkiewicz 的作品（他在波兰创造了扎科帕内风格）、Eliel Saarinen 和 Lars Sonck 在芬兰的早期设计、Jan Kotěra 在摩拉维亚以及 Ödön Lechner 在匈牙利的创作、Mikhail Eisenstein 在拉脱

图 307
米拉之家（Casa Mila），安东尼·高迪设计，巴塞罗那，1905~1912年

图 308
巴罗固德拉斯宫（Palau del Baró de Quadras），Josep Puig i Calafalch 设计，巴塞罗那，1902~1906 年

图 309
卡斯提里奥尼宫（Palazzo Castiglioni），Giuseppe Sommaruga 设计，米兰，1900~1904 年

图 310
市政厅，Martin Nyrop 设计，哥本哈根，1892~1905 年

维亚和高迪在西班牙的作品。在这个名单上，他本可以再加上 Giuseppe Sommaruga 在意大利丰富的纪念碑式的作品，Puig i Cadafalch 在加泰罗尼亚有时更加复古主义的作品，或者丹麦人 Martin Nyrop 的建筑，他的手法在斯堪的纳维亚被看作浪漫风格的一种。

民族浪漫主义

就如新艺术，民族浪漫主义运动是泛欧性的，在有些地区，例如斯堪的纳维亚，是公开的超国家的。1900 年前后时期也经历了一种地区浪漫主义。例如在法国，在诺曼底和巴斯克民族的地方主义倾向。[4] 虽然 Raul Lino 在葡萄牙的作品没有贴上民族

图 311
西弗拉宫（Cifra Palace），Márkus Géza 设计，匈牙利凯奇凯梅特，1902 年

图 313
市政厅，Alexandru Săvulescu 设计，罗马尼亚布泽乌，1896 年

图 312
dos Patudos 之家，Raul Lino 设计，葡萄牙阿尔皮亚萨，1905 年

图 314
雅罗斯拉夫斯基火车站，Fjodor Schechtel 设计，莫斯科，1902~1904 年

图 315
大学图书馆，Holger Sinding-Larsen 设计，奥斯陆，1913 年

图 316
冰激淋餐具，亨利·凡·德·费尔德设计，大约 1905 年

浪漫主义的标签，但它也可归入这个领域。Lino 出生在德国，但他把毕生精力花在寻求理想的、在设计、建筑和无数的出版物上的葡萄牙式房屋，约在 1900 年，Lino 已经使用了一个与复古主义的有着很大相同性的习语，即被称之为萨拉查统治后期"亲切的"葡萄牙风格。表现在建筑上的罗马尼亚民族风格追求，如 Alexandru Săvulescu 设计的布泽乌市政厅（1896 年）（图 313），有着一种民族浪漫成分，如 Fjodor Schechtel 设计的新俄罗斯风格可见证于在莫斯科的雅罗斯拉夫斯基火车站（图 314）。在此期间多次提到的 1800 年前后的西北欧新古典砖砌建筑，也可以看出同国家浪漫主义有关，并受到类似的要求新建筑的愿望的启发。而这种新建筑源自公认的国家或地区传统。

总体设计

　　约在 1900 年，新艺术只不过是一种较为普遍地希望设计整个人类环境的表现，尽管是一种特别强大的表现。这一趋势的一个知名的代表，是比利时人亨利·凡·德·费尔德，他不但设计建筑和家具，而且也涉足餐具、墙纸甚至他夫人的服装。这种总体设计的做法，第一次由在英国的艺术和工艺运动明显地表达出来。它可以被看作能对日常生活各方面做出美学表现的信心的一种反映。奥地利建筑师阿道夫·路斯——现今几乎全因一篇文章《装饰与犯罪》（Ornament und Verbrechen）（1908 年）被人怀念。

图 317
Stoclet 宫，约瑟夫·霍夫曼（Josef Hoffmann）设计，布鲁塞尔，1905~1911 年

图 318
农村剧场，Edward Schroeder Prior 设计，英国埃克斯茅斯，1896~1897 年

图 319
法院大楼，Carl Westman 设计，斯德哥尔摩，1911~1915 年

图 320
市政厅，Ion Mincu 和 C.Iotzu 设计，罗马尼亚克拉约瓦，1906~1916 年

133

此文非常适合今天的现代建筑的典范史学研究，是为数不多的对这种综合性做法的批评家之一。路斯不喜欢新艺术，"它不是我们的风格，它并不产生于我们的时代"，他在 1898 年后期的分两部分的文章里，在"冒险"（Die Wage）用小写字母写道"手工艺巡礼"（Kunstgewerbliche rundschau）。[5] 他也藐视设计师的"专制"，就如他在 1898

图 321
在 Linke Wienzeile 38 的住宅楼，奥托·瓦格纳设计，维也纳，1898~1899 年

图 322
Saint Hubertus 猎人住所，Hendrik Petrus Berlage 设计，荷兰高费吕沃，1914~1920 年

图 323
Mathildenhöhe 艺术家聚居地，Joseph Maria Olbrich 设计，达姆施塔特，1900~1908 年

图 324
Purkersdorf 疗养院，约瑟夫·霍夫曼设计，维也纳，1904~1905 年

图 325
香榭丽舍大街大剧院，Auguste Perret 设计，巴黎，1905~1913 年

图 326
Kotěra 别墅，Jan Kotěra 设计，捷克赫鲁迪姆，1907 年

年 6 月 12 日在《新自由报》（Neue Freie Presse）中写道："我是这个运动的反对者，眼睁睁看着正由建筑师设计的建筑中特别优秀的东西沦为煤铲里的垃圾。"[6]

路斯反对的是约在 1900 年普遍的风格潮流；追求把建筑、艺术和工艺整合成一种总体艺术作品，即使用一个作曲家理查德·瓦格纳推广在引人的建筑项目中，试图创造一种"总体艺术作品"的努力，导致包罗一切建筑物的室内和室外及其细部、造型和装饰、园林美化、家具和日用品——一种可以通过相同风格、色调和色彩的艺术作品而加强的统一性。在这方面，有一条直接路线，从维也纳工坊（Wiener Werkstätte）和 J. L. M. Lauweriks 的作品到直至 1960 年前后 Gio Ponti 的装饰作品，经历过多次运动，诸如捷克立体派、阿姆斯特丹派、包豪斯派和前苏联福库特马斯（Vkhutemas）学派以及勒·柯布西耶和阿尔托的作品。

总体设计过去是现在还是一项昂贵的建议，只有很少的客户能在经济上支付得起。因此，没有几个建筑师有机会去实践。据了解，能接受的几乎只有那些特

图 327
邮政储蓄银行，奥托·瓦格纳设计，维也纳，1902 年

殊的工程，例如在布鲁塞尔的 Stuelet 宫（图 317）（由约瑟夫·霍夫曼和 Gustav Klimt、Richard Luksch、Frantz Metzner、Koloman Moser 以及 Michael Powolny 等人共同设计），或者在重大的公共建筑中，如市政厅和其他公共行政管理中心，尤其是在有着象征意义的地方和房子，像市长办公室和会议室。

作为对定制的家具的替代物，20 世纪的设计师们不断利用工厂批量生产的家具，例如钢管椅子，在 20 世纪 30 年代的现代主义建筑中变得无处不在，并且形成了这一风格的公众形象，其强烈程度，不亚于公共空间和透明立面。

多样性

直到 1914 年第一次世界大战爆发为止，欧洲建筑在表现上差异很大。尽管新艺术的含糊性，但它给我们提供了回顾 1900 年前后那段时期的最清晰的图像。至少可作为那些被认为是现代主义先驱的建筑师创作的权威作品的背景。这一群人包括奥托·瓦格纳（1841 ～ 1918 年）、H.P.Berlage（1856 ～ 1934 年）、Joseph Olbrich（1867 ～ 1908 年）、彼得·贝伦斯（1868 ～ 1940 年）、阿道夫·路斯（1870 ～ 1933 年）、约瑟夫·霍夫曼（1870 ～ 1956 年）、Jan Kotěra（1871 ～ 1923 年）和奥古斯特·佩

图 328
圣保罗大教堂，Eliel Saarinen 设计，爱沙尼亚塔尔图，1911~1913 年

图 329
Hellerau 住宅楼，Heinrich Tessenow 设计，德累斯顿，1910~1912 年

图 330
股票交易所，Hendrik Petrus Berlage 设计，阿姆斯特丹，1898~1902 年

雷（1874～1954年）。1902年奥托·瓦格纳61岁，当时他在维也纳设计邮政储蓄银行（图327），而奥古斯特·佩雷在巴黎富兰克林大道（1902～1904年）修建他设计的公寓期间还不到30岁（图285）。但这些建筑师的大多数在设计他们最有名的建筑时，都是30好几40出头了。他们1900年前后的作品形态的多种主体，显示了这个时期建筑的广度，有着各种各样的风格、形态和材料。然而，在这种多样性中，存在一种内聚力，它产生于感知到的需要新的表现形式，需要同其在社会和时代和谐一致的现代建筑。在这个阶段，"现代的"这个词还没有像后来那样具有思想和道德内涵。"现代的"只不过是"当代的"的同义词，而且非常明显的是现代建筑可能有许多种面孔，从贫乏的到大量的，从客观的到幻想的。

对现代建筑的探索，导致在整个欧洲很有趣的情况，对早期风格的解释既严格又随便——例如，在英国Edwin Lutyens的作品中，或者在形成新风格学科的努力，或者甚至可能从建筑领域里消除风格。后者的目标启发了H.P.Berlage和阿道夫·路斯的设计，如完成于1902年在阿姆斯特丹的股票交易所（图330）和在维也纳（1910～1912

图331
Goldman & Salatsch 住宅和写字楼，阿道夫·路斯设计，维也纳，1910~1912 年

图332
陶器楼（Majolika Haus），奥托·瓦格纳设计，维也纳，1898 年

图333
黑森州立博物馆（Hessisches, Landesmuseum），Theodor Fischer 设计，德国卡塞尔，1907~1913 年

图334
勋 伯 格 塔（Schönbergturm），Theodor Fischer 设计，德国普富林根，1905~1906 年

图335
田 园 城 市 法 尔 肯 贝 里（Falkenberg），Bruno Taut 设计，柏林，1911~1914 年

图336
AEG 涡轮机工车间大厅，彼得·贝伦斯设计，柏林，1908~1909 年

年）的 Goldman & Salatsch 住宅和写字楼（图 331），问题的另一个极端是装饰潮流，不但在路斯深恶痛绝的新艺术中，而且也在路斯很赞赏的瓦格纳的作品中，对他说来，可是个幸运的例外。1900 年前后的欧洲建筑，不但包含对这片大陆自身历史的反映和反省，或创造性地追求新的表现模式，而且也包含无数来自欧洲之外的启发，从美国的摩天大楼和 Henry Hobson Richardson 及弗兰克·劳埃德·赖特，到摩尔风格和日本模式。也曾经有过短暂的对拜占庭风格的兴趣，这一风格，除在东南欧外，似乎在别的任何地方都是外来的。

1900 年前后的建筑多样性，也可以在当时许多建筑师的个人作品中找到。某一个建筑师有时在一连串的作品中生成大不相同的作品，或者甚至在同一时候也这样。许多这样的作品难以分类。一个典型的样例是 Theodor Fischer 在德国的作品（图 333 和图 334），他采用一种自称居于古典主义和新艺术之间的中间道路，既有进步的方面又有更加传统的方面。值得注意的是，许多这样的建筑师，并没有一处特殊的、标准的、能代表他们的作品的建筑物。就像在阿姆斯特丹的股票交易所代表 H.P.Berlage，或在柏林的 AEG 涡轮机工厂（图 336）代表彼得·贝伦斯一样。

137

图 337
百年大厅，Max Berg 设计，波兰弗罗茨瓦，1911~1913 年

图 339
Werkbund 展览示范剧院，亨利·凡·德·费尔德设计，科隆，1914 年

图 338
Werkbund 展览玻璃展馆，Bruno Taut 设计，科隆，1914 年

图 340
Werkbund 展览示范工厂，沃尔特·格罗皮乌斯和阿道夫·迈耶设计，科隆，1914 年

图 341
现代大都市建设，Mario Chiattone
设计，1914 年

图 342
黑色圣母玛利亚住宅，Josef
Gočár 设计，布拉格，1911~1912
年

图 343
住宅楼，Josef Chochol 设计，布
拉格，1913~1914 年

图 344
Grundtvig 教 堂，Peter Wilhelm
Jensen-Klint 设 计，哥 本 哈 根，
1913~1940 年

这样的建筑非常符合这一时期的历史叙述，即对它们的影响和意义的某些叙述，但当然不是全部。例如 Fischner 的最大影响力，在他的建筑中是看不见的，而来自他在教育制度方面的关键作用。他在德国斯图加特（1901 ～ 1909 年）和慕尼黑（1909 ～ 1928 年）当教授期间，他的学生就包括 Richard Riemerschmid、Dominikus Böhm、Paul Bonatz、Ella Briggs、Hugo Häring、Ernst May、Erich Mendelsohn、J.J.P.Oud、Bruno Taut、Fred Forbát、Peter Meyer、Lois Welzenbacher、Martin Elsaesser 和 Paul Schmitthenner；此外，瑞典的 Sigurd Lewerentz 也在 Fischer 的事务所工作过一段时间。

1900 年前后欧洲建筑最大的不同，表现在文化的开放性和没有共识上。如果有任何共同线索的话，那么它就是对大约出现在世纪之交的多元论的接受。多元论的特点不仅在一般建筑上，也在许多涉及风格广泛的个人作品上。也许有这样一种解释：一旦复兴的习语对内行人士说不再有着不言而喻的象征性含义时，那么这种缺口通过新的形态就会被填平。

图 345
中央车站，Paul Bonatz 设计，斯
图加特，1910~1928 年

138

第一次世界大战结束了某些风格流向，例如短命的意大利未来派和捷克的立体派运动——在建筑史上虽然属次要事件，但很有趣，因为它们与众不同的特点很少能被模仿。在 20 世纪 50 和 60 年代，建筑史学家班纳姆（Reyner Banham）指出，最杰出的未来派建筑师 Antonio Sant'Elia 的作品，在推动现代建筑中非常重要。和其他未来派一样，如 Mario Chiattone 和 Virgilio Marchi，Sant'Elia 没有留下什么建筑——至少没有未来派模式的——尽管他设计的一个纪念碑在他死后矗立在意大利科莫。在 20 世纪 20 年代，Chiattone 转向靠近经典的 20 世纪（Novecento）风格，而 Marchi 的成名主要作为一系列剧院设计者。未来派的直接影响力是难以觉察的，运动的声望来自（至少部分来自）事后。

捷克立体派可能是一种先锋派运动，它的成员受到立体派绘画力量的启发。他们寻求一种对建筑和工艺品中这种品质的诠释，创造出装饰性的、华丽的建筑和物品。但是当初要为绘画的现实前景找出建筑等价物的努力，不久就完全变成了另外一回事了。捷克立体派转变成了一种有分量的，不朽的"回旋立体派"，更多地由于古典主义和装饰派艺术，而不是绘画的抽象。

其他运动则极力在战后它们滞后的地方迎头赶上来，在战时很少开始新的建设。表现主义在第一次世界大战前，已经在德国和荷兰出现，如 Bruno Taut 为在科隆的德意志工艺联盟(Werkbund)展览设计的玻璃展馆（1914 年）（图 338），和由 J. M. van der Mey 同 Michel de Klerk 及 Piet Kramer 合作在阿姆斯特丹创作的航运公司大楼（1912 ～ 1916 年）（图 346）。但运动的鼎盛期

约在 1920 年，当时 Erich Mendelsohn 完成了在德国波茨坦的爱因斯坦塔楼，Fritz Höger 在汉堡修建了智利屋，De Klerk 在荷兰阿姆斯特丹进行他炫耀的住房工程。

许多长期工程也提供了延续性。虽然 1911 年 45 岁时 Ragnar Östberg 开始了他

图 346
航运公司大楼，J.M. van der Mey、Michel de Klerk 和 Piet Kramer 设计，阿姆斯特丹，1912~1916 年

的杰作斯德哥尔摩市政厅，但直到 1923 年才完成。Paul Bonatz 在 1910 年斯图加特火车站设计竞赛中获胜（图 345），这一年，他才 33 岁，4 年后施工开始，即战争的第一年；这个车站第一部分于 1922 年、第二部分于 1928 年投入使用。

虽然那两个建筑在 20 世纪的舞台上出现较慢，但其他的建筑要快得多，例如法古斯工厂，沃尔特·格罗皮乌斯和阿道夫·迈耶为它设计几乎全是玻璃构成的外观（图 347）。这个工厂不久就在建筑史上取得一席之地，即使首创者 Richard Steiff 已在 10 年前在 Giengen an der Brenz 设计建造了一个玩具厂的玻璃屏幕（图 348）。由于 Steiff 是建筑界的局外人，同格罗皮乌斯和迈耶的作品相比，他的建筑只是一个历史的脚注而已。后者在法古斯工厂施工后不久就采取另一个朝着建筑透明性的步骤，如他们在 1914 年为科隆德意志工艺联盟展览设计的示范工厂（图 340），陶特（Bruno Taut）制作的玻璃展馆也属于相同的情况（图 338）。

如果说 1889 年万国博览会上出现的埃菲尔铁塔是这个时期的黎明，那么第一次世界大战爆发前 6 个星期开幕的德意志工艺联盟展览则是其终点。约在 20 世纪 20 年代末确定下来的现代主义历史叙事，通常赋予格罗皮乌斯、迈耶和陶特的作品以主导地位，可能凡·德·费尔德的剧院的流动形态就扮演了一个辅助角色。然而，可能也要强调这一时期建筑的广泛性和多样性，如亨利·凡·德·费尔德在新艺术上的变

图 347
法古斯工厂，沃尔特·格罗皮乌斯和阿道夫·迈耶设计，德国阿尔费尔德，1911~1913 年

异性和 Josef Hoffmann 的奥地利展馆相关并列，Carl Moritz 和彼得·贝伦斯紧密的古典主义（图 227），Theodor Fischer 的被 Winfried Nerdinger 描述为"史实纪录的"[7] 建筑和 Bruno Paul 与 Hermann Muthesius 多少相关的作品以及许多不太知名的建筑师，诸如 Otto Müller-Jena、Ludwig Pfaffendorf 和 Georg Metzendorf。在德意志工艺联盟展览会上表现的建筑领域的广泛性，再次表明 20 世纪早期的现代建筑可以呈现多种形态，或者反过来说，各式各样的建筑风格逐渐被称之为"现代的"。

图 348
玩具厂，Richard Steiff 设计，德国布伦茨河畔京根，1903 年

注释

1. Jeremy Howard, *Art Nouveau: International and National Styles in Europe*. Manchester/New York (Manchester University Press) 1996, p. 2.
2. Stanford Anderson, *Peter Behrens and a New Architecture for the Twentieth Century*. Cambridge, Mass. (MIT Press) 2000, p. 1.
3. Howard, *Art Nouveau*, p. 2 (note 1).
4. Jean-Claude Vigato, *L'architecture régionaliste*. France 1890-1950. Paris (Norma) 1994.
5. Adolf Loos, *Ins Leere gesprochen. Gesammelte Schrifte 1897-1900*. Vienna (Prachler) 1981 (1st ed. 1921), p. 35.
6. Ibid., p. 81.
7. Winfried Nerdinger, *Theodor Fischer. Architekt und Städtebauer 1862-1938*. Berlin (Ernst & Sohn) 1988, p. 277.

hia

Soviet Union

ania

garia

Turkey

第七章
1917 ～ 1939 年

在两次世界大战之间，"现代的"（modern）这个词有了新的意义。在第一次世界大战前，就现代建筑的不同形式来说，它一般为中性用法，大致是"新的"（new）的同义词。这种中性含义的用法，在 20 世纪 20 和 30 年代一直保留着，但是在建筑领域里，在 20 世纪 30 年代，这个词又有了另一个更加引起分歧的含义。当"现代的”同“运动”连用时，这一点就最明显了。先锋派现代运动代表的不仅是一种新的建筑风格，它也在开拓通向一个新社会，甚至一个新世界的道路。“运动”这个词暗示，这些建筑和社会理念都历经时日而演变。对建筑的社会状态的强调，就是所区分现代运动同其他许多曾经被认为是，而且现在仍然被认为是现代事物的东西——特别是同没有明显社会目标的建筑，即只反映或表现其社会特征的建筑。现代建筑，从更严格的意义上说，是受到今天的构筑可以为明天的世界打好基础这一理念的启迪。正是这一现代建筑的理念，可以被描述为一种方案，一个规划和一些要发生的事情的前兆。其他用起来意义大致相同的术语，有功能主义和新客观性，以及在意大利的理性主义和在前苏联的唯理论与构成主义（两个在 1917 年十月革命后的年代里很流行的术语）。[1]

在欧洲，第一次世界大战后的时期，是一个翻天覆地大变革的时期：成功和不成功的革命、政变、内战、政治变革和一种新的国际体制，出现了许多新国家（前苏联、南斯拉夫和捷克斯洛伐克）、新独立的国家（挪威、爱尔兰、爱沙尼亚、拉脱维亚和立陶宛）和一种新的常常是政治独裁专制。不同的国家实验过新的政治和社会结构，但经常以灾难性后果告终。经济时代同样狂暴，国家财政在战争年代里受到冲击，1924 年世界性股票市场的崩溃和接踵而来的经济萧条，给整个 20 世纪 30 年代带来深远的影响。

在许多方面，第一次世界大战后的欧洲飘移不定，这段时期出现的各式各样的建筑，反映了寻求适合这个新世界的表现模式，这些新模式中最突出的是奋力摆脱沉重的历史影响，但更普遍的是，

145

图 351
爱因斯坦塔楼，Erich Mendelsohn 设计，波茨坦，1919~1921 年

图 349
...ut Garkan 农场，Hugo Häring 设...
德国卢卑克附近，1923~1924

图 350
Steinberg–Herrmann 制帽厂，Erich Mendelsohn 设计，德国卢肯瓦尔德，1921~1923 年

图 352
IG Farben 行政管理大楼，彼得·贝伦斯设计，美因河畔法兰克福，1920~1924 年

它们在空前的情况下，重新诠释历史元素，通过构成的先例以制造合法性。从这一点看，许多现代建筑不太偏激的形态，可以被解释为对新时代紧急关头的一种缓和，一种对中产阶级文化和价值观的批评的恰当的反驳。

先锋派

不但在俄国而且遍及大部分欧洲，第一次世界大战是一个先锋派开始形成的时期。对战争的恐惧，形成了一种通常是间接的要求彻底的政治和社会变革的动机。有一种对新艺术新建筑能体现新秩序的理想主义的期盼，没有哪个地方能像在新兴的社会主义社会那么新颖，但仍然有着尚不成熟的结构。由于前所未有的激进，新的苏联把以前所有的东西当成资产阶级和资本主义而加以摒弃，以便给前进的无产

图 356
Chilehaus 大楼，Fritz Höger 设计，汉堡，1923 年

图 353
Petersdorff 百货商店，Erich Mendelsohn 设计，波兰弗罗茨瓦夫，1927~1928 年

图 355
Spaarndammerplantsoen 住宅楼，Michel de Klerk 设计，阿姆斯特丹，1917~1921 年

图 354
De Dageraad 住宅楼，Michel de Klerk 和 Piet Kramer 设计，阿姆斯特丹，1918~1923 年

阶级艺术和建筑让路。由 Vladimir Tatlin 设计的第三国际纪念碑（1919 年）（图 357），就是要成为这种新文明的第一个象征，它高达 400 米，超过埃菲尔铁塔。革命后，内战连绵，阻止出现更多的建筑，直到 1923 年敌对状态公开结束为止。1923 年在莫斯科建立的沙博洛夫卡广播

图 359
Mostorg 百 货 商 店, Leonid
Alexander 和 Viktor Vesnin 设 计,
莫斯科, 1926~1927 年

图 357
第三国际纪念碑, Vladimir Tatlin
设计, 1919 年

图 358
Shabolovka 广 播 塔, Vladimir
Shukhov 设计, 莫斯科, 1923 年

塔, 由 Vladimir Shukhov 设计, 是少数例外之一, 也是一种壮观建筑。

先锋派在前苏联蓬勃发展, 一直持续到 20 世纪 30 年代初, 当时社会主义现实主义作为一种官方风格强行实施。1932 年春, 抽象艺术和现代建筑被禁止, 要求艺术家创造任何无产阶级都能理解的作品, 创作庆祝社会主义胜利的艺术品：故事、象征艺术和严肃的新古典建筑。尽管现代建筑在刹那间失去魅力, 但有些先锋派工程继续得以完成, 例如勒·柯布西耶在莫斯科的 Centrosoyuz 大楼, 由 Vesnin 兄弟设计的几座建筑以及梅尔尼科夫 (Melnikov) 的前苏联国家计划委员会停车场, 也都在莫斯科。但 1932 年后, 这类项目再没修建过。

在莫斯科的苏联政府宫设计竞赛 (1931 ~ 1933 年) 是个象征转折点, 这是先锋派被允许参加的最后竞赛之一, 然而尽管有些先锋派参赛作品宏伟而富有开创性, 它们还是全部落选, 经过几轮评选后, Boris Iofan 的纪念碑方案入选 (图 365), 但因战争爆发而未能实现。

许多欧洲国家的先锋派有着相似的发展模式：它们在第一次世界大战刚结束时出现, 在 20 世纪 20 ~ 30 年代中期兴旺活跃。在 20 世纪 30 年代不仅前苏联进行激烈的政治和思想转向, 伤害先锋派。同样的情况也发生在 1933 年希特勒上台的德国, 而在墨索里尼的意大利,

图 360
农业人民委员会, Alexey Shchusev
设计, 莫斯科, 1928~1933 年

147

图 361
Gosprom 大 楼, Sergei Serafimov,
Samuil Kravets 和 Mark Felger 设计,
乌克兰哈尔科夫, 1925~1928 年

图 362
铁路人民委员会, Ivan Fomin 设计,
莫斯科, 1930 年

这种转变不太激烈。在那儿，开头理性主义者还能作为想象的现代性（modernità）和拉丁性（latinità）以法西斯主义方式进行的结合而提出自己的作品，但随着 10 年时间的推移——1934 年在罗马举行了里程碑式的 Palazzo del Littorio 建筑竞赛——对作为法西斯主义的象征和表现的现代建筑的支持丧失殆尽。

在前苏联、希特勒德国和意大利，纪念碑式建筑成了主宰，而所谓的现代先锋派则被打入冷宫。如俄国梅尔尼科夫和 Leonidov 的构成主义，在德国的包豪斯建筑模式，或在意大利的 Gruppo 7 的唯理论，其中包括 Giuseppe Terragni、Luigi Figini、Gino Pollini 和 Adalberto Libera。尽管许多杰出的德国和奥地利现代建筑师不断地

图 363
新闻宫，Semyen Pen 设计，巴库，1931 年

图 366
天主教大学，Giovanni Muzio 设计，米兰，1929~1932 年

图 368
Via Montenapoleone 住楼，Emilio Lancia 设计，米兰，1933~1936 年

图 364
西里西亚议会大楼，Lech Wojtyczko 设计，波兰卡托维兹，1925~1929 年

图 365
苏联政府宫的设计，Boris Iofan 设计，莫斯科，1931 年

图 367
Degli Ambasciatori 酒店，Marcello Piacentini 设计，罗马，1925~1927 年

图 369
市政厅，Antonio Palacios Rami 设计，西班牙奥波利尼奥，1921~1924 年

离开自己的国家到别处另创新业——无论别处是指土耳其、巴勒斯坦、英国还是美国——但大多数意大利建筑师努力去适应。

很有理由设想在纪念碑式建筑和极权统治之间有一种联系，然而这种建筑和政权间的特殊联系并不在双方都起作用。专制统治总是以一种纪念碑式和常是经典的惯用语来表现权力，这种情况可见之于西班牙的佛朗哥的独裁专制、葡萄牙的萨拉查统治、波兰的 Józef Pilsudski 元帅、匈牙利的 Miklós Horthy 将军。尽管如此，纪念碑式建筑并不总是产生于纯粹的政治权势，这一事实在 20 世纪 30 年代特别明显。此种现象比比皆是，发生在很多国家，包括一些较为民主的政府，其中包括法国奥古斯特·佩雷和瑞典的 Ivar Tengborn 的作品。

虽然有些欧洲国家是后进者，如英国、保加利亚和爱沙尼亚，但 1925～1935 年间，

图 370
a Unión y el Fénix Español 大楼，
Modesto López Otero 设计，马德
里，1928~1931 年

图 372
音乐厅，Ivar Tengbom 设计，斯德
哥尔摩，1920~1926 年

149

图 374
Stein 别墅，勒·柯布西耶设计，
法国加尔什，1927 年

图 376
Tugendhat 别墅，密斯·凡·德·罗
设计，捷克布尔诺，1930 年

图 373
国家银行，Milan Zloković 设计，
萨拉热窝，1929 年

图 371
岩石之家（Casa dos Penedos），
Raul Lino 设计，葡萄牙辛特拉，
1922 年

图 375
国际展览会德国展馆，密斯·凡·德·罗设计，巴塞罗那，1929 年

这段时期却是几乎遍及这片大陆的建筑先锋派的鼎盛期。这个黄金时代，最有名的产物包括由格罗皮乌斯在德绍设计的包豪斯建筑、勒·柯布西耶在巴黎市内和周围设计的别墅和工作室（图 374），密斯设计的巴塞罗那 1929 年国际展览会的德国展馆（图 375）和在布尔诺的 Tugendhat 别墅（图 376）、阿尔托在帕伊米奥的疗养院（图 377）和斯图加特的白院聚落等。除了这些象征性的建筑外，还有许多其他完全创新性工程，例如由 Josef Fuchs 和 Oldřich Tyl 在布拉格设计的"交易宫"（图 379）；Moisei Ginzburg 的 Narkomfin 公寓楼（图 380）、梅尔尼科夫的卢萨科夫俱乐部和他自己的住宅（图 382），以上三处均在莫斯科；奥德（J.J.Oud）在鹿特丹的住宅建筑、Hoek van Holland、Brinkman 和 Van der Vlugt 在鹿特丹的 Van Nelle 工厂（图 383），Duiker 在希尔弗瑟姆的索恩斯特拉尔疗养院（图 384）；由路斯在布拉格设计的穆勒别墅（图 385）和 Giuseppe Terragni 在科莫设计的法西斯之家。

现代主义先锋派的国际成就的另一个标志，是在 1928 年瑞士的拉萨拉成立的"国际现代建筑协会"（CIAM），聚集了杰出的现代建筑师。虽然 CIAM 有着全球宏愿，但出席国际会议的人主要是欧洲人。这个组织两次最重大的会议是1929 年在法兰克福的第二届国际现代建筑会议，致力于探讨低廉住房和 1933 年的第四届国际现代建筑会议，探讨功能性城市，后一次会议是在地中海上一艘客轮上举行的，之所以采用这个备选会址，是因为原计划的举办地莫斯科正经受全新而冷酷的寒风洗礼，国际先锋派在那儿不受欢迎。

图 377
疗养院，阿尔瓦·阿尔托设计，芬兰帕伊米奥，1929~1933 年

图 378
公共图书馆，阿尔瓦·阿尔托设计，维堡，1927~1935 年

图 379
交易宫，Oldřich Tyl 和 Josef Fuchs 设计，布拉格，1928 年

图 380
Narkomfin 公寓楼，Moisei Ginzburg 设计，莫斯科，1928~1930 年

现代主义者

　　在现代主义鼎盛期修建的许多建筑是未加装饰的"白盒子"，其特点是平屋顶、大量玻璃、钢铁和开放式平面，以提供阳光、空气、空间、透明和活力。这些建筑合理、实用而卫生。约在 1930 年，这种新先锋派建筑可在欧洲各地找到，从 Duiker 在阿姆斯特丹的希尼亚克电影院（图 386）到在捷克的兹林的巴塔工厂，从 Ernst Egli 在安卡拉的建筑到在萨格勒布的诺瓦克瓦大街的别墅。现代主义建筑猛然兴起，如在雅典、巴塞罗那、挪威的卑尔根、柏林、布加勒斯特、布达佩斯、捷克的布尔诺、布鲁塞尔、意大利的科莫、德国的德绍、克罗地亚的杜布罗夫尼克、法兰克福、哥本哈根、米兰、巴黎、波兰的波兹南、布拉格、鹿特丹、斯德哥尔摩、斯图加特、维也纳、华沙、波兰的弗罗茨瓦夫和苏黎世等地。毫无疑问，对现代主义建筑师来说，这是多产的年代。新的风格在欧洲大陆到处风行——尽管大多数开业者反对"风格"这个词，而且好多评论家和后来的历史学家都强调指出，现代建筑源自功能主义观点，按这个观点，形态是结果，是

151

图 381
技术学校，Alexander Gegello 和 David Krichevsky 设计，圣彼得堡（列宁格勒），1929~1932 年

图 383
Van Nelle 工厂，J. A. Brinkman 和 Leendert van der Vlugt 设计，鹿特丹，1927~1930 年

图 382
Melnikov 住 宅，Konstantin Melnikov 设计，莫斯科，1929 年

图 384
索恩斯特拉尔疗养院，Jan Duiker、Bernard Bijvoet 和 Jan Gerko Wiebenga 设计，荷兰希尔弗瑟姆，1926~1928 年

图 385
穆勒别墅，阿道夫·路斯设计，布拉格，1930 年

解决特定问题的成果。另一方面，许多人强调，在功能主义的背景下，功能不应被完全解释为实用主义的和功利主义的，而是和一种基本的态度有关，荷兰建筑师 Jan Duiker 于是就为这种态度造了这个高雅的术语："智力经济"。

除了现今著名的现代建筑伟人外，还有很多次要大师，他们也沿着相同的道路，有些人只走了短暂时间，另一些人则坚持一个较长的时期。他们中有 Victor Bourgeois、Erik Bryggmann、Gudolf Blackstad、Wells Coates、Horia Creangă、Nikola Dobrović、Joseph Emberton、Gaston Eysselinck、Maxwell Fry、Bohuslav Fuchs、Josef Gočár、Drago Ibler、Marcel 和 Juliu Janco、Muhamed 和 Reuf Kadić、Louis de Koninck、Jaromír Krejcar、Bohdan

图 388
多位建筑师设计的 16 处住宅，捷克布尔诺的挪维杜姆区，1928 年

图 389
Radovan 办公和住宅塔楼 Slavko Löwy 设计，萨格勒布 1933~1934 年

图 386
希尼亚克电影院，Jan Duiker 设计，阿姆斯特丹，1933~1934 年

图 387
住宅楼，Muhamed 和 Reuf Kadić 设计，萨拉热窝，1939 年

图 390
多位建筑师设计的 22 处住宅，布达佩斯 Napraforgó utca 区，1932 年

Lachert、Duiliu Marcu、Sven Markelius、Farkas Molnár、Herman Munthe-Kaas、Stamo Papadaki、Ernst Plischke、Alfred Roth、José Sert、Mart Stam、Helena 和 Szymon Syrkus、Lois Welzenbacher 和 Milan Zlokovic。虽然这个名单很长，但先锋派现代主义仍然保持在特有的一群建筑师和他们的客户范围内，客户通常是私人，但偶

图 391
荅格布拉特大楼, Ernst Otto
Oswald 设计, 斯图加特, 1928 年

图 394
国际现代艺术和技术展览中捷克斯
洛伐克展, Jaromír Krejcar 设计,
巴黎, 1937 年

尔也是城市当局、城市服务机构或半公共组织,例如住房协会,可见之于法兰克福、柏林、鹿特丹和维也纳。

分类学

在两次世界大战间设计和建成的所有建筑中,那些现代运动的建筑,若考虑到涉及的一小部分建筑师和稍微多一点的雇主,受到了不应有的注意。在建

图 392
马内斯美术联盟, Otakar Novotný
设计, 布拉格, 1928 年

图 395
住宅楼, Farkás Molnar 设计, 布
达佩斯, 1937 年

图 397
吉比安别墅, Jaromír Krejcar 设计,
布拉格, 1927~1929 年

图 393
马蹄形住宅区, Bruno Taut 设计,
柏林, 1926~1927 年

图 396
Benjamin Fragner 化工厂办公楼,
Jaroslav Fragner 设计, 布拉格,
1929~1930 年

图 398
特尔朗住宅, Wassili and Hans
Luckhardt 和 Hans Anker 设计, 柏
林, 1929 年

图 400
南北旅馆，André Lurçat 设计，法国卡尔维，1931 年

图 401
美景住宅楼，Arne Jacobsen 设计，哥本哈根，1930~1935 年

图 403
加油站，Arne Jacobsen 设计，哥本哈根，1936~1937 年

图 399
哥伦布住宅，Erich Mendelsohn 设计，柏林，1931 年

图 402
皇家科林西安游艇俱乐部，Joseph Emberton 设计，英国克劳奇河上的伯纳姆，1929~1931 年

图 404
"怪伙计楼"，Gudolf Blakstad 和 Herman Munthe-Kaas 设计，奥斯陆，1934 年

154

筑领域里，有着比现代运动多得多的东西。你可以对所有相互联系和重叠的流派编一个实际上是无穷的分类，这其中的主要流派则是功能主义、装饰艺术、纪念碑式建筑、古典主义、传统主义和地方主义。两次世界大战之间的这段时期，也提供了极具吸引力的案例。应该把它们看作 19 世纪历史主义迟开的花朵，例如伦敦的"自由商店"（1924 年），一座由霍尔父子团队（Edwin T. Hall 和 Edwin S. Hall）设计的都铎式建筑，与 Gerrit Rietveld 在荷兰乌得勒支设计的施罗德住宅（图 422）同年建成。

"自由商店"符合希契科克（Henry-Russll Hitchcock）在《19 世纪与 20 世纪建筑》一书描述的"被视为传统式的建筑"这一分类，它是对 19 世纪历史主义一种延续。正如希契科克所说，"过去留存下来的建筑不一定总能激起后世的兴趣。"然而，他相信，"历史学家一定会尽力对斯德哥尔摩市政厅和 Woolworth 大厦这类建筑作某种叙述。但这样的故事并不容易讲述，因为它似乎——至少对今天的大部分学者来说——缺少情节。另一方面，现代建筑的出现，为生动的故事提供了材料，因为它符合'成功故事'[2]的模式。"

图 405
施敏克住宅，汉斯·夏隆设计，德国勒包，1930~1933 年

图 410
德拉沃尔楼，Erich Mendelsohn 和 Serge Chermayeff 设计，英国贝克斯希尔，1935 年

图 412
别墅，Otto Senn 设计，瑞士比林根，1936 年

图 413
海上别墅，Stamo Papadaki 设计，希腊格利法扎，1933 年

图 411
住宅楼，Herman Hun 设计，卢布尔雅那，1931 年

图 406
瑞典消费合作社总部的餐馆，Eskil Sundahl 和 Olof Thunström 设计，斯德哥尔摩，1935~1936 年

图 414
布切基疗养院，Marcel 和 Juliu Janco 设计，罗马尼亚普雷代亚尔，1934 年

图 407
拉娜旅馆，O. Siinmaa 和 A.Soans 设计，爱沙尼亚派尔努，1937 年

图 408
罗普德大酒店，Nikola Dobrović 设计，克罗地亚，1939 年

图 409
环球电影院，Erich Mendelsohn 设计，柏林，1926~1928 年

图 416
别墅，Luigi Figini 和 Gino Pollini
设计，米兰，1933~1934 年

图 415
勒兰西圣母院，奥古斯特·佩雷设
计，法国勒兰西，1922~1923 年

图 417
萨尔苏埃拉剧院，Eduardo Torroja
设计，马德里，1935 年

因此，对希契科克来说，这种历史主义最终"并非完全像没有终点的道路的死胡同"。[3] 他没有区分传统的和传统主义的、缓慢衰落的可称之为传统的 19 世纪的建筑观点和强盛的两次大战中朝向传统主义的趋势——不是对过去的哀鸣，而是一种新生事物。传统主义者的传统是一种时代的创新，一种新的观念，而不是现成形态和理念的自然延伸。传统主义者提出了"对新情况的回应，而这些新情况呈现出和旧情况有关的形式。"用 Eric Hobsbawm 的话说，"当社会的快速转变削弱或毁坏为'旧'传统曾被设计的社会模式时"，[4] 新传统本质上就会更加频繁地被创新。这就紧紧地将此种现象同现代社会联系在一起。然而，尽管把传统主义的特征描述为一种"对新情况的回应"，但当情况不太新颖或异样时，却能取得最大的成功。工厂、写字楼、大型住房工程和其他新型建筑，不如一般住宅、公共建筑和教堂那样适合于传统主义的模式；而村庄和省级城镇比大都市更适合于传统主义。

在两次世界大战间的时期，一大批建筑悄然建起，它们通常是用模糊、宽泛的方式暗示着过去的影响，并将其作为新建筑的一种泉源，让这些新建筑看起来好像一直就存在那儿一样。比起世纪之交的国家浪漫运动来，这是一种对过去划界不太精确的看法，而前者建立在民间、乡土传统和国家及地区风格的基础上。其结果也往往缺乏热情奔放、表现力和自信。两次大战间的传统主义，很少和某种具体的建筑传统相联系，也不常借用独特的元素或主题。相反，它提出把工艺、简单性和熟

156

图418
几库，皮埃尔·路易吉·奈尔维设计，意大利奥尔贝泰洛，1937~1940年

图419
马拉巴特住宅，Curzio Malaparte设计，意大利卡普里，1937~1940年

练技巧抽象成一种原型形态。Paul Schmitthenner 加诸德国住宅理想之上的精确性就是这种做法的例证。它也被其他建筑师所采用，如荷兰的 Gijsbert Friedhoff、瑞典的 Ragnar Östberg 和英国的 Raymond Erith。

传统主义者和先锋派现代主义者之间有实质性差别：在世界观方面（等级还是平等）、在对空间的处理方面（封闭和划界，还是开放和无界）、对建筑生产的看法上（手工还是工业）、建筑的用途（重视入住建筑的仪式性意义，还是强调功能性）。但在最抽象的层面上，我们能按照语言学家索绪尔（Ferdinand de Saussure）的术语理解传统主义和功能主义——二者建立在不同语言之上，而这两种语言有着不同的语汇，所以乍看之下迥然相异，但实际上则有很多相同之处。

图421
玻璃宫，Viljo Revell，Niilo Kokko 和 Heimo Riihimäki 设计，赫尔辛基，1936 年

图420
自由商店，霍尔父子设计，伦敦，1924 年

图422
施罗德住宅，Gerrit Rietveld 设计，荷兰乌得勒支，1924 年

图423
雷努阿尔街住宅楼，奥古斯特·佩雷设计，巴黎，1929~1932 年

图424
奥古斯特·佩雷设计，公用事业博物馆，奥古斯特·佩雷设计，巴黎，1936~1946 年

现代主义

没有什么根据把传统主义和功能主义当成对立物。把看成一个统一体上的两个点更合理，而这个统一体也包括表现主义、装饰派艺术、纪念碑式建筑、古典主义、地方主义和历史主义，其中有许多接合、联系和重叠区。

表现主义——地方主义——传统主义

功能主义——现代主义——装饰派艺术——历史主义

纪念碑式建筑————————古典主义

这些接合、联系和重叠区经常出现在个人层面上。两次世界大战之间的许多的建筑师，并非狭窄、线性的单一方式的信徒，他们的作品可能显示系列的或并列的风格，以及各种各样的混合形态。在 Erich Mendelsohn、汉斯·夏隆、Bruno Taut 和其他人的作品中，表现主义和功能主义之间，没有任何（如果有也很

图429
伯尼埃住宅，Ragnar östberg 设计
斯德哥尔摩，1927 年

图427
里夫住宅，Paul Mebes 和 Paul Emmerich 设计，柏林，1924 年

图425
法院，Todor Bozhinov 设计，索非亚，1929~1940 年

图430
高层住宅和办公大楼，Vladimir Šubic 设计，卢布尔雅那，1933 年

图426
森林墓园火葬场，Gunnar Asplund 设计，斯德哥尔摩，1935~1940 年

图428
州立理工大学，Dmitry Chechulin 和 I.F.Neyman 设计，俄罗斯下诺夫哥罗德，1929~1936 年

图431
圣米盖尔神学院，Víctor Eusa 设计，西班牙潘普洛纳，1931 年

图 432
东正教大教堂, Ion Traianescu 设计, 罗马尼亚蒂米什瓦拉, 1935 年

图 436
火葬场, Arnošt Wiesner 设计, 捷克布尔诺, 1925~1930 年

图 438
天主教教堂, Ernö Foerk 设计, 布达佩斯, 1930 年

图 435
培尔美尔街办公楼, Edwin Lutyens 设计, 伦敦, 1928~1931 年

图 437
火葬场, Pavel Janák 设计, 捷克帕尔杜比采, 1923 年

159

图 433
贝莱尔大厦, Alphonse Laverrière 设计, 瑞士洛桑, 1929~1931 年

图 434
别墅, Hippolyte Kamenka 设计, 法国圣让德吕, 1926 年

少)的差别。同样, 奥古斯特·佩雷的耶纳宫也显示, 有时功能主义和古典主义之间很少存在差异。在捷克的回旋立体主义中, 古典主义和表现主义交汇在一起。表现主义和传统主义在勒·柯布西耶的作品中相连。装饰派艺术和功能主义则在 Robert Mallet-Stevens 的作品中相混合。甚至传统主义和功能主义貌似相反的两极, 经常由于对简缩性的偏爱而相互联系, 这一点可在丹麦建筑师 Kay Fiskel 的作品中见到, 在 Heinrich Tessenow 的某些设计中亦然。

这样的风格连续, 从最概括的意义上说, 也许就是我们所谓的现代性。在理论上, 这个术语指称有意的、明确的和旨在表达时代精神的现代建筑, 在实践上, 它是一个标签, 几乎适用各地各式建筑, 包括从历史上的先锋派到源自 19 世纪的历史主义的广阔范畴。

图 439
圣洛克（St.Roch）教堂，Oskar
Sosnkowski 设计，波兰比亚韦斯
托克，1927~1944 年

图 440
Ekenberg 餐馆，Lars Backer 设计，
奥斯陆，1927~1929 年

图 441
国家专卖品大楼，Duiliu Marcu 设
计，布加勒斯特，1934~1941 年

图 443
空军总部，Dragiša Brašovan 设计
贝尔格莱德，1935 年

160

"现代"究竟指什么，一座建筑究竟
有多么现代，首先要视讨论的上下文而
定。在瑞士洛桑，Alphonse Laverriere 的
贝莱尔大厦（1929 ~ 1931 年，图 433）
是一座现代化建筑，因为它是这个国家
的第一座摩天大楼。在波兰东部的比亚

图 442
斯科特住宅，Michael Scott 设计，都
柏林 Sandycove，1937~1938 年

图 444
消防队队部，Herbert Johanson 设
计，塔林，1936~1939 年

韦斯托克，装饰派艺术和表现主义的结合让 Oskar Sosnowski 的圣洛
克教堂（1927 ~ 1944 年，图 439）成为一处纪念碑式的现代建筑；
而 Michael Scott 在都柏林沙湾地区（Sandycove）给自己住宅的设计
（1937 ~ 1938 年，图 442）标志着爱尔兰现代建筑的开始。

所谓现代性也取决于历史时刻，无论建筑学作为一门学科发
展得如何缓慢，无论一座建筑物一经建起来会存留多久，建筑时
尚的浪潮变动很快，昨天显得现代的东西，今天看上去可能就过
时了，不久前还是特别罕见的东西，现在可能看起来就很传统了。

图 445
Guggenbuhl 别 墅，André Lurçat
设计，巴黎，1926~1927 年

总之，现代建筑就是通过新形式、新类型来表现新时代的任何种类的建筑：从风格上说，它很少真正像功能主义主张的那样抽象或透明。现代建筑也并非像人们通常想象的那样质朴无华，它常常采用色彩、材料和形态——例如阳台——作为装饰。

这样的建筑常常有某种通过其对称外观赋予的隐藏的不朽性，就如 Dragiša Brašovan 在贝尔格莱德设计的空军总部的案例（1935 年）一样（图 443）。最后，这种现代建筑，不仅可以包含新产品、新技术，而且也包含传统的、惯用的材料和方法。如爱沙尼亚建筑师 Herbert Johanson 的石灰石功能主义就是一个例子。

装饰派艺术

在 Jeffrey Herf 所称的反动的现代主义中，即在一种不同的更有哲理的语境中，"现代性"这个词的相对性质很明显。[5] 纳粹德国的建筑，从在纽伦堡 Albert Speer 的齐柏林集会场（图 446）和 Werner March 在柏林的奥林匹克体育场（图 447），到 Paul

图 446
齐柏林集会场（Zeppelinfeld），Albert Speer 设计，纽伦堡，1933 年

图 447
奥林匹克体育场，Werner March 设计，柏林，1934~1936 年

图 449
Autobahn 大桥，Paul Bonatz 设计，德国林堡，1939 年

图 448
风道，Herman Brenner 设计，柏林，1938 年

图 450
Festspielhaus 改 建，Clemens Holzmeister 设 计，萨 尔 茨 堡，1926 年

图 451
Flagey 大楼，Joseph Diongre 设计，布鲁塞尔，1930 年

图 452
Marbeuf 车库（Marbeuf garage），Albert Laprade 和 Léon Bazin 设计，巴黎，1928~1929 年

图 453
Arnos Grove 地铁站，Charels Holden 设计，伦敦，1932 年

Bonatz 的公路大桥（图 449），可以被当成这种风格的典范。它把对新技术的热情和社会及文化的保守倾向结合起来。反动的现代主义是创新与守旧的最极端的混合，可在两次世界大战中间的建筑中看到，与此同时，还有其他的常常矛盾的进步同传统的结合，例如 20 世纪 20 年代在意大利米兰和伦巴第区其他地方涌现的 20 世纪建筑运动。20 世纪建筑运动提倡一种高雅的、现代化的古典风格，即 Mario Sironi、Carlo Carrà 和 Giorgio de Chirico 绘画在建筑上的反映。最有名的"20 世纪"风格建筑，要算

图 459
住宅楼，Pierre Patout 设计，巴黎
1929 年

图 457
住宅楼，Alex 和 Pierre Fournier 设计，巴黎，1929 年

图 454
法院扩建，Gunnar Asplund 设计，瑞典哥德堡，1934~1937 年

图 456
《每日快报》办公楼，E.Owen Williams 设计，伦敦，1937 年

图 460
民族宫，Carlo Broggi、Julien Flegenheimer、Camille Lefévre、Henri-Paul Nénot 和 Joseph Vago 设计，日内瓦，1929~1936 年

图 458
Rue Mallet-Stevens 住 宅 楼 Robert Mallet-Stevens 设计，巴黎，1925~1926 年

图 455
Coliseu 大 楼，Cassiano Branco，Mário de Abreu 和 Júlio de Brito 设计，波尔图，1937~1940 年

Giovanni Muzio 在米兰的吸引人的 Ca'Brutta，它把大都市的住房形式引入当时的约有 20 万人的小城。其他可认为是这一运动一部分的建筑师有 Emilio Lancia、Gio Ponti 和 Giuseppe de Finetti，后者也是路斯的学生。20 世纪建筑运动的元素也在 Stile Littorio 中普遍使用，即 20 世纪 30 年代意大利的非官方风格。与之相当的形式可在同期的匈牙利和土耳其见到。

两次世界大战中间的许多英国建筑，表现出一种矛盾状态，使人想起 Alan Powers 的话："没有现代主义的现代性。"[6] Charles Holden 以设计地铁站而成名，他的作品（图 453）可以被解读为既现代又古典，因此非常符合 Powers 的定义。这同样也适合于 20 世纪 60 年代末以来，被称之为装饰派艺术见解和方法的广义分类。按 Charlotte 和 Tim Benton 的说法，"装饰派艺术是给'现代性'但不是给现代主义的 20 世纪的风格起的名字，这一风格在两次世界大战中间年代里名噪世界，并且几乎在每种视觉媒体上——从美术、建筑和室内设计到时装和纺织、电影和摄影都留下了标记。"[7] 其把包含在自己所归类为装饰派艺术的东西内的那种矛盾，解释为"装饰派艺术处于传统主义者和激进分子——历史复兴风格和现代主义——过去和未来'为对立领域牵线搭桥'。它大约从 1910 年直到第二次世界大战爆发，一直给现代主义提供一种受欢迎的'另类'，给传统主义提供一种现代刺激"。[8] 因此，他们得出结论"装饰派艺术可以被……理解为既不是一种'错误的'现代主义，也不是一种被贬低的古典主义，而是对现代世界相同压力的一种不同的反应"。[9]

虽然现代主义从 20 世纪早期以来变成了国际风格，但装饰派艺术是一种更早、分布更广的国际现象，不但遍及欧洲，而且在亚洲、美洲和澳洲许多地方以及非洲部分地方都能看到。事实上，Benton 使用的装饰派艺术的广义定义（包括捷克的立体主义，阿姆斯特丹学派以及从古典主义者 Asplund 到现代主义者 Mallet-Stevens 的整个范畴）可以被用来概括所有两次世界大战中间的建筑，例外的是其极端现象：宽泛的现代主义、纯粹的传统主义和严格的纪念碑式古典主义。因此，Benton 并非毫无道理地认为，"把在两次世界大战中间时期的现代性的主线看作约从第一次世界大战年代的先锋派运动起，贯穿到装饰派艺术，而不是贯穿到现代主义的规模宏大的正统性，上述看法是有道理的"。[10] 装饰派艺术是现

代性的概括，该词更具中性，即对现今的一种表达。这和"现代性"在 21 世纪初瓦斯穆特出版社（Wasmuth Verlag）刊印的杂志《20 世纪建筑，现代建筑艺术杂志》（Die Architektur des XX Jahrhunderts，Zeitschrift für moderne Baukunst）的标题中使用的意义相同。

164

注释

1. Perhaps no other topic has been as comprehensively studied, analyzed and explicated in historical writing on twentieth-century architecture as the terminological intricacies, intended meanings and contexts of the word 'modern', along with the nuances it held for various figures in various countries, languages and periods. Detailed commentary on these matters can be found in Rosemarie Haag Bletter's introduction to the English translation of Adolf Behne's *Der moderne Zweckbau*: Rosemarie Haag Bletter, 'Introduction', in Adolf Behne, *The Modern Functional Building*. Santa Monica 1996, pp. 1-81.
2. Henry-Russell Hitchcock, *Architecture: Nineteenth and Twentieth Centuries*. Baltimore (Penguin Books) 1958, 1963; fourth ed., Harmondsworth/New York (Penguin Books) 1977, pp. 531-532
3. Ibid., p. 554
4. Eric Hobsbawm, 'Introduction: Inventing Traditions', in: Eric Hobsbawm and Terence Ranger, *The Invention of Tradition*. Cambridge (Cambridge University Press) 2007 (1st ed. 1983), pp. 1-14
5. Jeffrey Herf, *Reactionary Modernism: Technology, Culture and Politics in Weimar and the Third Reich*. Cambridge (Cambridge University Press) 1984
6. Alan Powers, *Britain: Modern Architectures in History*. London (Reaktion Books) 2007, pp. 32 ff
7. Charlotte and Tim Benton, 'The Style and the Age', in: Charlotte Benton, Tim Benton and Ghislaine Wood, *Art Deco 1910-1939*. London (Bulfinch) 2010 (1st ed. 2003), pp. 13-27, at p. 3
8. Charlotte and Tim Benton, 'Decline and Revival', in: Benton, Benton and Wood, *Art Deco 1910-1939* (op. cit., note 7), pp. 427-429, at p. 427
9. Ibid., p. 429. Tim Benton casts some doubt on this conclusion, however, questioning whether Art Deco architecture is a meaningful category: 'Is Art Deco architecture a useful concept or can we only talk about buildings with Art Deco ornaments? . . . In practice, many "Art Deco" buildings derive from Classicist, Regionalist or Modernist styles, with Art Deco sculptural or mural decorative enhancements.' Tim Benton, 'Art Deco Architecture', in: Benton, Benton and Wood, *Art Deco 1910-1939* (op. cit., note 7), pp. 245-259, at p. 245
10. Ibid., p. 259

1970 战后的欧洲

Iceland

Finland

Norway

Sweden

Denmark

Ireland

United Kingdom

The Netherlands

German Federal Republic

German Democratic Republic

Poland

Belgium

Luxembourg

Czechoslovakia

France

Switzerland

Austria

Hungary

Roma

Yugoslavia

Bulg

Italy

Albania

Portugal

Spain

Greece

Malta

Soviet Union

Turkey

Cyprus

第八章
1945 ～ 1989 年

　　在第二次世界大战前，前瞻性建筑与表现当时当地的建筑始终是显然可分的。但 1945 年后，这种区分就变得不太明显了。1939 年以前就已经硕果累累的前瞻性先锋派形态和理念，到了 20 世纪 50 年代被融入建筑现代性的一个更加日常化的变种，因而失去了它们好高骛远的乌托邦品格。现代主义关于光线、空气和空间，关于"被解放的生活"（befreites wohnen）（用吉迪恩 1929 年的说法），关于新材料和新技术，以及关于把批量生产和功能性作为建筑主要目标的理念——这些主题都曾经充满意识形态方面的内涵，但到了 20 世纪 50 年代，它们在大多数欧洲国家貌似已经不言而喻地变成了设计和建筑实践的构成要素。这种现代建筑变得无处不在，部分是由于建设工程持续而高速开展，开头是为了应对战争的破坏，后来则为了适应日益增长和日趋富足的人口需要。

同时，先锋派思想和形态在不断地被融入 20 世纪 50 年代的主流，许多从前的激进现代主义者，则在放弃空谈理论的功能主义。事实上，许多人已经开始在 20 世纪 30 年代走自己的路。这种变化在国际现代建筑协会召开的战后会议的主题中有所描述，例如建筑和艺术、城市和居住环境的核心。比起战前建筑师关注的那些生硬而前沿的主题来（比如维生水平的住房开发、理性的建筑态度和功能性城市），战后的主题要更加富于人性和诗意。

20 世纪 20 年代和 30 年代的先锋派现代主义，1945 年后变成了"温和的功能主义"[借用雅克·卢肯（Jacques Lucan）描述当时法国建筑的说法]。[1] 现代主义突出地在两个方面变得更加柔和了，首先，它的形态、材料和色彩变得更柔和、更温顺和更传统；其次，它具有的豪华和显赫，有时达到了相当高的程度。在 20 世纪 50 年代和 60 年代，同在美国相比，这在欧洲尚属少见，但是，即使欧洲——部分由于美国的影响（也包括美国建筑师、业主和投资商的影响）——也出现了一种豪华建筑，这种豪华的现代主义的最初样例，可追溯到 20 世纪 60 年代，包括一些主要的公共建筑，诸如密斯·凡·德·罗在柏林的新国家画廊（图469）、Arne Jacobsen 在哥本哈根的丹麦国家银行（图472）、

图 461
终点站的入口，E.Montuori，A.Vitellozzi，L.Calini，M.Castellazzi，V.Fadigati 和 A.Pintonello 设计，罗马，1948~1950 年

图 462
木屋（chalet），Carlo Mollino 设计，意大利 Sauze d'Oulx，1946 年

图 463
文化馆，阿尔瓦·阿尔托设计，赫尔辛基，1952~1958 年

图 464
市政厅建筑群，阿尔瓦·阿尔托设计，芬兰赛于奈察洛，1949~1952 年

图 465
Cassa di Risparmio di Firenze 酒店，Giovanni Michelucci 设计，佛罗伦萨，1954~1957 年

由 Robert Matthew、Johnson Marshall 和合伙人在伦敦设计的新西兰住宅（图 473）和在贝尔格莱德的联邦宫（图 477）。有些社团建筑也洋溢着现代主义的光辉，例如 Jean Tschumi 在瑞士沃韦和洛桑的雀巢总部（图 475）、Hugh Maaskant 为 Johnson Wax 在荷兰迈德雷赫特（Mijdrecht）设计的办公楼（图 474）、马塞尔·布劳耶为 Van Leer 在阿姆斯特尔芬设计的总部，以及国际商务旅社和机场的分类。把一定程度的过量和旺盛同犀利的细部作品结合起来，这种现代主义反映了许多欧洲社会本身在 20 世纪 60 年代能允许的豪华，它也表明了现代建筑已变成这个社会的一部分的程度。

现代主义相对吸引人的，偶然有舒适的一面，在零售店、百货商店和购物中心突出地表现出来，例如在鹿特丹的莱班步行街 De Lijnbaan 购物中心（Van den Broek 和 Bakema 设计，1948 ~ 1953 年，图 483）；也表现在咖啡馆、餐馆和度假建筑；以及在特种场合的展馆，如 1951 年的英国节和 1958 年在布鲁塞尔的展览会。在这些建筑中，战前的现代主义的理想主义，以一种不太夸张的模式被重新诠释；建筑师不再声称主要为人类利益而工作，而是为单个的人的利益而工作。

170

图 470
信息工业和技术中心，Robert Camelot, Jean de Mailly 和 Bernard Zehrfuss 设计，巴黎，1954~1958 年

图 466
音乐厅，汉斯·夏隆设计，柏林，1957~1963 年

图 467
住宅楼，Ivan Vitić 设计，萨格勒布，1957~1962 年

图 468
玛格基金会（Fondation Maeght），何塞·路易斯·塞特设计，法国圣保罗德旺斯，1959~1964 年

图 471
人之家（La maison de l'homme），勒·柯布西耶设计，苏黎世，1963~1967 年

图 469
新国家画廊（Neue Nationalgalerie），密斯·凡·德·罗设计，柏林，1962~1968 年

图 472
丹麦国家银行，Arne Jacobsen 设计，哥本哈根，1968~1978 年

图 473
新西兰住宅，Robert Matthew, Johnson Marshall 和合伙人设计，伦敦，1959~1963 年

图 476
Royal 酒店和 SAS 大楼，Arne Jacobsen 设计，哥本哈根，1956~1961 年

图 474
Johnson Wax 办公楼，Huig Maaskant 设计，荷兰迈德雷赫特，1964~1966 年

图 475
雀巢总部，Jean Tschumi 设计，瑞士沃韦，1956~1957 年

图 478
摩天楼（Thyssenhaus），Helmuth Hentich 和 Herbert Petschnigg 设计，杜塞尔多夫，1956~1960 年

图 477
联邦宫，Mihailo Janković 设计，贝尔格莱德，1961 年

重建

几乎整个欧洲大陆遭到战争破坏。Tony Judt 写道："任何大小的市、镇，在战争中很少能安然无恙熬过来。由于非正式的赞同或走好运，一些著名的欧洲古城的早期现代中心，如罗马、威尼斯、布拉格、巴黎、牛津，没有成为破坏的目标。"Tony Judt 发现，战争初期，德国军队在英国、荷兰和波兰，后期又在南斯拉夫和前苏联，进行了大规模的破坏。"但最大的物质破坏是 1944 年和 1945 年西方同盟国进行的史无前例的轰炸，以及红军从斯大林格勒（现名伏尔加格勒）向布拉格的残酷推进。法国海岸小镇鲁瓦扬、勒阿弗尔、卡昂被美国空军彻底摧毁。汉堡、科隆、杜塞尔多夫和几十个其他德国城市则被英、美飞机的地毯式轰炸夷为平地。在东方，白俄罗斯城市明斯克 80% 在战争结束时被破坏；乌克兰的基辅沦为废墟；而波兰首都华

图 479
政府大楼, Erling Viksjø 设计, 奥斯陆, 1958 年

图 481
宫殿旅馆, Viljo Revell 设计, 赫尔辛基, 1948~1952 年

图 480
办公楼, Constantinos Doxiadis 设计, 雅典, 1955~1961 年

图 484
Hötorget 高楼, David Helldén、Sven Markelius, Anders Tengbom、Erik Lallerstedt 和 Backström & Beinius 设计, 斯德哥尔摩, 1952~1966 年

图 483
De Lijnbaan 购物中心, Van den Broek 和 Bakema 设计, 鹿特丹, 1948~1953 年

图 482
办公楼, Marek Leykam 设计, 波兰波兹南, 1945 年

图 485
Bonnier 办公楼, Ivar Tengbom 设计, 斯德哥尔摩, 1949 年

图 486
阿尔法中心, Jerzy Liśniewicz, Tadeusz Płończak 和 Zygmunt Waschko 设计, 波兹南, 1953~1962 年

图 487
住宅楼, Muhamed 和 Reuf Kadi 设计, 萨拉热窝, 1947 年

图 488
Wiesberg 住宅楼, Émile Aillaud 设计, 法国福尔巴克, 1959~1961 年

图 489
Alexandros Demeriou 住宅楼, Neoptolemos Michaelides 设计, 塞浦路斯尼科西亚, 1963~1965 年

沙, 1944 年秋德军撤离时, 一座座房子、一条条街道, 被烧被炸。当战争在欧洲结束时……德国首都的大部分沦为冒烟的瓦砾堆和扭曲的钢铁件。"[2] Tony Judt 指出, "战争真正的恐怖"发生在欧洲大陆的东部。以前苏联为例, 7 万个村庄和 1700 个城市被摧毁。然而, 他强调, 这种物质破坏只不过是"严酷的物质背景"而已, 若同数以百万计的死于战争的人相比, 只能算微不足道。[3]

在最近的有关战后重建的史学研究中，强调西欧。例外的是德累斯顿和华沙。在中欧和东欧的最大挑战，没有引起足够的重视。在欧洲建筑和重建时代的城市规划中，重点（尤其是早年）更多地放在数量上，而不是放在质量上（即使数量常常较小），这是因为广泛而急迫的任务和有限的可用的财力和物力资源。因此战后初期年代的大部分建筑只有最低的质量。在重建建筑中，常常很难说，哪个地方的重建、

图 490
戴尔餐馆，Patrick Gwynne 设计，伦敦，1963~1965 年

图 492
展览会的菲利浦斯展馆，勒·柯布西耶和 Iannis Xenakis 设计，布鲁塞尔，1958 年

图 491
20 世纪 50 年代，勒阿弗尔重建

图 493
私人住宅，Neoptolemos Michaelides 设计，尼科西亚，1965 年

图 494
圣迈克尔大教堂，Basil Spence 设计，考文垂，1956~1962 年

图 495
Dresdner 银行，Paul Schmitthenner 设计，德国海尔布隆，1952~1954 年

改建和修复结束了,哪个地方的新建、修缮和创新开始了。甚至在华沙老城的重建——这个波兰首都的历史性中心区,经常被引用为煞费苦心的重建的一个样例——尽管重新利用了所有能在瓦砾中抢救出来的原来的材料,但在许多方面仍然是一次再设计。城市组构布局合理调整,交通流向得到改进,从东到西在历史性中心区,部分通过挖地道进行。

重建后的老城外貌和第二次世界大战前的样子紧密一致,使这成为一个独特案例。在大多数样例中,重建者在曾被毁坏的他们要创建的对象之间,选择一种较小的直接关系,例如在米德尔堡和明斯特,除了几处历史性纪念碑式建筑,尽可能小心地被恢复或重建外,战后建筑物都显示出一种当代的传统主义,它也许可以被描述为既新颖,但又熟悉。城市规划和施工技术中的创新,通常暗藏在外观立面的背后,暗示一段比实际情况更长的历史。

逼真的重建和传统主义式的再创造只是见之于重建时期建筑中两种方式。第三种式,最终最流行,是一种也可以被称为突破性现代主义,一种大胆改造城市形态的现代主义。这种样例包括在伦敦的圣保罗大教堂周围地区和鹿特丹

174

图 498
Kaiser Wilhelm 纪念教堂, Egon Eiermann 设计, 柏林, 1951~1961 年

图 497
新马克斯堡大楼（Neue Maxburg）, Sep Ruf 和 Theo Pabst 设计, 慕尼黑, 1954~1957 年

图 499
老绘画陈列馆（Alte Pinakothek）, Hans Döllgast 设计, 慕尼黑, 1952~1957 年

图 500
广校（Kantonsschule）, Fritz Haller 设计, 瑞士巴登, 1960~1964 年

图 496
公共图书馆, Carlo 和 Rino Tami 设计, 卢加诺, 1940~1941 年

市中心以及许多德国城市。这些项目引发了一种有着新建筑的新城市：现代的、开放的和以"汽车为主的"，一个借用 Hans Bernard Reichow 的书名《汽车导向的城市》（Die autogerechte Stadt，1959 年）中的词。

这种新建筑，并不追求同遗留下来的东西的任何直接延续。旧和新并排而立，泾渭分明。旧与新的强烈对比常常蓄意保持着，就如由 Basil Spence 设计的在考文垂的圣迈克尔大教堂（1956 ~ 1962 年，图 494），或者由 Sep Ruf 和 Theo Pabst 设计的慕尼黑新马克斯堡大楼（1954 ~ 1957，图 497）。在其他案例中，存在细微的协调，如在 Hans Döllgast 的老绘画陈列馆重建，也在慕尼黑（1952 ~ 1957 年，图 499）。

图 502
PUB 百货商店，Erik 和 Tore Ahlsén 设计，斯德哥尔摩，1956~1960 年

温和的现代主义

重建建筑涉及一系列办法，从考古重建到完全更新，但走极端是没有空间的。在战后初期岁月里，大部分建筑活动，模仿瑞典和丹麦 20 世纪 40 年代的建筑，走一条谨慎的现代主义的道路。瑞典建筑在战后欧洲早期，特别有影响力，在第二次世界大战中，瑞典保持中立。丹麦则在德国占领期间只蒙受了最低的损失。在当时，

图 501
Halen 住宅楼，Atelier5 设计，伯尔尼，1955~1961 年

图 503
"购物"购物中心，拉尔夫·厄斯金（Ralph Erskine）设计，瑞典吕勒奥，1955 年

图 504
Tapioia 住宅，Aulis Blomstedt 设计，芬兰，1953~1954 年

图 506
在 Gästrike-Hammarby 的住宅群，Ralph Erskine 设计，瑞典，1948 年

图 507
圣马克教堂，Sigurd Lewerentz 设计，斯德哥尔摩，1956 年

图 509
西班牙大楼，Julián 和 Joaquí Otamendi 设计，马德里，1947~1953 年

图 505
Søholm I 住宅，Arne Jacobsen 设计，哥本哈根，1946~1950 年

图 508
Romerhusene 住宅，约恩·伍重设计，丹麦赫尔辛格，1957~1961 年

176　　这两个国家同中立国瑞士一起，是欧洲最富裕的国家，瑞士也偶尔用作参照点。西班牙和葡萄牙以及爱尔兰也置身战争之外，但它们的脆弱的经济因素等（和伊比利亚半岛的暴虐专政）使它们不能成为建筑先驱。

　　活跃在瑞典的建筑师包括 Erik & Tore Ahlsén、Sven Backström、Peter Celsing、拉尔夫·厄斯金、Sigurd Lewerentz 和 Sven Markelius，在丹麦有 Kay Fisker、Arne Jacobsen、F.C.Lund、C.F.Møller 和约恩·伍重（Jørn Utzon），在芬兰，和大师阿尔托一起，主要建筑师有 Aulis Blomstedt、Aarne Ervi、Reima 和 Raili Pietilä 及 Viljo Revell。

　　虽然对欧洲别处的许多建筑师来说，斯堪的纳维亚建筑是一块试金石——例如在西德和英国——但若把遍及欧洲的温和的现代主义，也归功于直接的斯堪的纳维亚影响就太过分了。其他种种样例，可以在勒·柯布西耶在马赛（1950 年），南特雷泽（1955 年），柏林（1957 年），布里埃（1963 年，图 518），菲尔米尼（1965 年）的单元住宅中找到。而在柏林的建筑展览项目（1957 年）中，斯堪的纳维亚建筑也有体现 [通过阿尔托、Kay Fisker（图 512）、Arne Jacobsen、Fritz Jaenecke

图 511
Arantzazu 圣 所，Francisco Javier
Sáenz de Oiza 设计，西班牙奥尼亚特，1950~1954 年

图 515
Neue Vahr 住宅塔楼，阿尔瓦·阿
尔托设计，不来梅，1958~1962 年

图 513
Råcksta 公墓，Gunnar Martinsson 和 Klas Fåhraeus 设计，斯德哥尔摩，1964 年

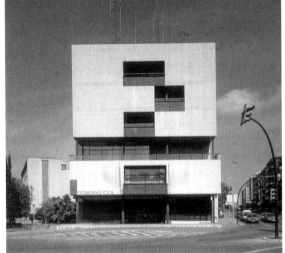

图 514
文官政府大楼，Alejandro de la Sota 设计，西班牙塔拉戈纳，1957~1964 年

图 516
Hansaviertel 住 宅 楼，Luciano
Baldessari（左）和 Van den Broek
和 Bakema（右）设计，柏林，1957 年

图 517
罗密欧和朱丽叶住宅塔楼，汉斯·夏
隆设计，斯图加特，1954~1959 年

图 512
Hansaviertel 住 宅 楼，Kay Fisker
设计，柏林，1957 年

和 Sten Samuelson]。其他负责在柏林汉莎区建设的建筑师有
Luciano Baldessari、Van den Broek 和 Bakema（图 516）、Werner
Düttmann、Egon Eiermann、格罗皮乌斯、Wassili Luckhardt、奥
斯卡·尼迈耶、Sep Ruf 和 Max Taut。汉斯·夏隆在斯图加特的罗
密欧和朱丽叶高层建筑（图 517），由 Luccichenti 和 Monaco 在
罗马设计的多个项目也可归入温和的现代主义范畴。

实际上，温和的现代主义，有时离传统主义者从不同的起点
到达的地方并不那么遥远：也就是说，两次世界大战中间期的传
统主义。第一代传统主义者中，许多人开始他们的事业是在 20

图 518
单元住宅，勒·柯布西耶设计，法国布里埃森林，1963 年

图 519
市政厅，Van den Broek 和 Bakema
设计，德国马尔，1958~1960 年

图 520
Sloterhof 住宅塔楼，J.F.Berghoef
设计，阿姆斯特丹，1959 年

图 521
罗马天主教经济学院主楼，Jos.
Bedaux 设计，荷兰蒂尔堡，
1950~1962 年

世纪 20 年代和 30 年代，而在 20 世纪 50 年代末退休，他们没有任何真正的继承人。第二代传统主义建筑师，在 20 世纪 20 年代和 30 年代受的教育，通常一步一步地走进新的领域，这可见之于荷兰 J.F.Berghoef 和 Jos. Bedaux 以及西德 Josef Wiedemann 的作品。

　　在温和的现代主义中经常发现的一个突出的转变，是放弃平屋顶。要知道平屋顶一个时期以来一直是真正的现代主义一个不可缺少的标志。更常见的是装饰和永恒纪念性，传统和先例，不再完全受排斥，许多建筑师拒绝这样的信条：从定义上说，现代性就是无先例的。

　　这种改变的一个标志是在建筑设计中的 Preesistenze ambientali 的指导作用，这个术语的字面意义是"既存的环境"，系 BBPR 合伙人 Ernesto Rogers 生造出来的。它原指历史、语境、地方文化和习俗的探索，作为新建筑扎根于其环境的方法，以

图 522
Dronningegården 住宅, Kay Fisker 设计, 哥本哈根, 1943~1958 年

图 523
Velasca 塔楼, BBPR 设计, 米兰, 1956~1957 年

图 524
Allianz 总部办公楼, Josef Wiedemann 设计, 慕尼黑, 1951~1954 年

图 525
雅典卫城周围地区的景观设计, Dimitris Pikionis 设计, 雅典, 1951~1957 年

图 526
Zattere 住宅楼, Ignazio Gardella 设计, 威尼斯, 1954~1958 年

图 527
酿酒商之家, Ignazio Gardella 设计, 意大利卡斯塔纳, 1944~1957 年

图 528
Boa Nova 茶馆, 阿尔瓦罗·西扎, Alberto Neves, António Menéres, Joaquim Sampaio 和 Luís Botelho Dias 设计, 葡萄牙马托西纽什, 1956 年

图 529
游泳池, 阿尔瓦罗·西扎设计, 葡萄牙马托西纽什, 1961~1966 年

图 530
格里莫港度假村, François Spoerry 设计, 法国, 1962~1967 年

便对它的现代性的认可。Rogers 的短语 preesistenze ambientali 在翻译上常简化为"文脉", 而相关的态度被称之为背景主义。[4]

20 世纪 50 年代所有 BBPR 的设计中, 在米兰的 Velasca 塔楼最有名, 也最有争议(图 523)。它也显示和其城市背景的强烈对比, 在这个合伙单位的其他许多作品中, 格外小心谨慎地处理环境背景。从背景主义的观点看, 建筑不是孤立的, 而是城市的一部分, 历史的一部分, 一种在 1966 年罗西的书《城市建筑》中得到完善的思想, 也是一种为开辟通向后现代思想的理念。在 Ignazio Gardella 的建筑中, 人们发现一种相关的方法, 在葡萄种植者的简朴住宅中(卡斯塔纳, 1944 ~ 1947 年)(图 527), 为从 Borsalino 来的工人准备的住房(Alessandria, 1950 ~ 1952 年)和 Zattere 住宅楼(威尼斯, 1954 ~ 1958 年)(图 526)。卡洛·斯卡帕(Carlo Scarpa)的独一无二的、奇特的、在有历史意义的环境中的设计项目, 也可以在这样的见解中看到。同样风格的其

图 531
Vegaviana 住 宅，Fernández del Amo 设计，西班牙，1952~1954 年

图 533
住宅和办公楼，Neven Šegvić 设计 南斯拉夫斯普利特，1962~1965 年

图 535
军队文化中心，Ivan Vitić 设计，罗地亚希贝尼克，1960~1961 年

图 532
Castelvecchio 博物馆，Carlo Scarpa 设计，维罗纳，1956~1964 年

180

图 534
办公塔楼，Savin Sever 设计，卢布尔雅那，1963~1970 年

他作品有 Dimitris Pikionis 的在雅典卫城周围的景观设计（图 525）和早期西扎的建筑整合进葡萄牙马托西纽什的景观中：游泳池（图 529）和 Boa Nova 茶馆（图 528）。一种相似的背景主义可以在另一位葡萄牙建筑师 Fernando Tavora 的作品中找到，也可以在西班牙的 José Coderch 和 Manuel Valls，Miguel Fisac 和 Fernández del Amo 以及在前南斯拉夫的 Ivan Vitić、Juraj Neidhardt 和 Stjepan Planić 等人的作品中找到。

前南斯拉夫是唯一的有着这样的建筑的共产主义国家，也是唯一的一个和那些西欧国家一样概念和形态并行发展的国家。而其他的共产主义欧洲国家则按照莫斯科的指示，紧跟党的路线，修建社会主义现实主义的纪念碑式的古典主义的建筑。从 20 世纪 30 年代中期以来，在前苏联一直有着强烈影响的教条，也在

图 536
40 号展览厅，Ivan Vitić 设计，贝格勒布，1956 年

第二次世界大战后并入前苏联影响范围的国家里被强制实施。例如波罗的海国家（它们变成了前苏维埃加盟共和国）、德意志民主共和国、波兰、捷克斯洛伐克、匈牙利、罗马尼亚和保加利亚。

共产主义国家

在战后初期,这在 20 世纪欧洲建筑中导致第一次真正的分裂。战后头 10 年，社会主义国家和欧洲其他国家相比，朝着完全不同的方向分道扬镳。然而，东方集团有些成员受社会主义现实主义影响较小，例如波罗的海共和国爱沙尼亚、拉脱维亚和立陶宛，还有捷克斯洛伐克。对此通常的解释是，两次世界大战中间期的现代主义传统，继续在捷克斯洛伐克起作用。一个替代的理由是在这个国家里的战后重建相对较少。相反，强制性的社会主义风格在波兰和保加利亚遭遇到官员们较少的抵制。这两个国家在 20 世纪 30 年代，也已确立了现代纪念碑式建筑的各种各样的传统，

图 537
革命市场建筑群，Edvard Ravnikar 设计，卢布尔雅那，
1960~1980 年

但也都受到战争的重创。在那里进行了著名的工程，如在华沙的MDM 建筑群（图 538）和在索非亚的 Largo 建筑群（图 540）。有些城市受益于前苏联的慷慨，如在华沙，出资兴建文化、科学宫，在里加的一处大学楼和在布拉格一家俄国样式的旅馆。这些建筑都是对当时出现在莫斯科的、7 处高耸的摩天大楼的相对简朴的回应。在东德，尤其是东柏林，社会主义现实主义有着特别的象征性影响力，这就是在西柏林和资本主义世界其他地方的眼前，展示"人民共和国"的文化成就的地方。[5]

斯大林死后，社会主义现实主义被扫进历史垃圾箱。在 20世纪 50 年代末，一个新的主题在整个社会主义阵营盛行起来：

图 543
Dvigatel 工厂住宅楼，A.Vlasov 设计，塔林，1949~1956 年

图 538
宪法广场建筑群，Józef Sigalin、Stanislaw Jankowski、Jan Knothe 和 Zygmunt Stępiński 设计，华沙，1949~1953 年

图 540
共产党总部，Petso Zlatev（首席建筑师）设计，索非亚，1952~1955 年

图 541
拉脱维亚科学院，Lev Rudnev 设计，里加，1953~1956 年

图 542
Sõprus 电影院，A.Volberg 和 P.Tarvas 设计，塔林，1953~1955 年

图 539
波兰议会扩建，Bohdan Pniewski 设计，华沙，1949~1952 年

图 544
文化宫，Lev Rudnev 设计，华沙，1952~1955 年

建筑工业化。回归到一种理性的、实用的、现代的和同时非常适合工业生产的设计模式，这可是一个好机会。大约从1960年以来，主要的建设计划把社会主义国家的建筑和城市规划，或多或少地同其他地方的趋向联系起来，不过阿尔巴尼亚除外，在这个国家，贫穷和恩维尔·霍查的独裁专政阻碍了这种发展。而在罗马尼亚脱离了前苏联的势力影响。它在20世纪70年代在尼古拉·齐奥塞斯库的领导下，奉行一种独立的建筑政策。受到朝鲜首都平壤的启发，罗马尼亚许多建筑都带有纪念碑式特征，直到独裁者垮台，这和斯大林的宏伟成就相匹配。

在社会主义国家的施工工业化和可称之为建筑活动工业化同时进行。很少有建筑师还在独立工作，相反，代之以大型的国营机构，各种规划一般就在这儿由大型团队设计制订。其结果和欧洲其他地方的建筑没多大差别，尤其是在住房方面。如瑞典的"百万计划"、法国主要城市成片的大规模新兴住房项目。如巴黎、里昂、图卢兹和法国在北非的殖民地（如Fernand Pouillon 在阿尔及尔的"法兰西气候"项目）；许多前联邦德国城市的卫星城（Trabantenstädte），以及在英国城市（如设菲尔德、伯明翰和曼彻斯特）边缘的大型建筑群——这些基本上同下列地区的建

图 545
军事医学院，Josip Osojnik 和 Slobodan Nikolić 设计，贝尔格莱德，1972~1983 年

图 546
Jeanne Hachette 建筑群，Jean Renaudie 和 Renée Gailhoustet 设计，法国塞纳河畔伊夫里，1970~1975 年

图 547
Corviale 住宅楼，Mario Fiorentino（首席建筑师）设计，罗马，1972~1982 年

图 548
南斯拉夫斯科普里城市重建规划，
丹下健三设计，1965 年

图 550
联邦议会，Karel Prager 设计，布
拉格，1966~1972 年

图 549
红场改造，I.Gunst 和 K.Pcelnikov
设计，莫斯科，1966 年

图 551
实验性住房，Karel Prager 设计，
布拉格，1973~1975 年

图 552
旅馆，Julio Lafuente 设计，马耳他戈佐岛，1967 年

184

筑没有什么区别：前民主德国的罗斯托克和哈雷新城、前南斯拉夫的萨格勒布和贝尔格莱德、布达佩斯、布拉迪斯拉发、索菲亚、布加勒斯特、波兰的卢布林和弗罗茨瓦夫、莫斯科、明斯克、塔林等城市。尽管财力和技术含量不同，但铁幕两边的新建筑，显示出这个时期一种明显的一致。如果说在现代建筑中一直有一种国际风格的话，那么它就在冷战时期的这些住房项目中。

更大的规模

在整个欧洲，建筑工业化和主要建设计划的同时发展，形成了对快速的人口增长的回应。战后的住房匮乏，持续的人口增长和新富裕起来的人们的更多需求，都需要大量的新住房。而新住房经常呈现住宅群的形式，规模从大到极大不等。虽然这一趋势有时受到建筑师和住户的质疑，但这样的项目一直持续到 20 世纪 80 年代；过去的极端样例之一，就是长达一公里的 Corviale 住宅楼（图 547），它是由 Mario Fiorentino 领导的团队设计的，可以入住 9500 人。

大规模也是同期的激进设计的特点，例如 Constant 的"新巴比伦"、Yona Friedman 的巨大空间结构、Superstudio 的连续纪念碑、建筑伸缩派（Archizoom）

的"不停的城市"的无边空间、汉斯·霍莱因（Hans Hollein）的大拼接和在城市建筑技术中提出城市和景观项目。这些建筑常被人们描述为"富于远景"，算得上建筑史的标志性建筑，尽管吸引人们注意的其实主要是它们的外观，而非其内涵的远景。这里的"远景"所指甚广，从阿基格拉姆学派（建筑电讯团）的反讽式乐观主义到Superstudio特有的悲观主义都包括在内。在铁幕的东边，在20世纪70年代当然也有激进趋势——例如在塔林。但是因为这些想象的迸发，从未引起媒体很多的注意，而不像那些在西欧、美国和日本的建筑师，所以它们未能进入传统的历史记载。[6]

这些激进的宣言都是"纸面建筑"，新的建筑方式的视觉表达。在其中，乌托邦奇迹和反面乌托邦恐怖之间的区别并不总是很明显，这个时期激进主义的重负，部分由于缺少具体当这些建筑师开始设计具体建筑时，他们的工作势必比在纸面上变得更现实而较少空想，然而，Hans Hollein和蓝天组（Coop Himmelb[l]au）的建成作品，阿基格拉姆学派（建筑电讯团）的撰稿人彼得·库克（Peter Cook）和Cedric Price以及超级工作室的Adolfo Natalini从未完全失去其叛逆性格。

和这种充满想象的建筑一起，20世纪50年代也见证了一种复合体建筑的真实乌托邦的出现。这一趋势的根源，至少部分在欧洲以外，如在日本短暂的新陈代谢运动的住房。在欧洲为数不多的新陈代谢的直接产品之一是丹下健三对遭1963年破坏性地震

185

图 553
瞭望楼中心，Chamberlin、Powell 和 Bon 设计，伦敦，1963~1982 年

图 554
萨瓦会议中心（Sava Centar），Stojan Maksimović 和 Aleksandar Šaletić 设 计，贝尔格莱德，1977~1978 年

图 555
圣母院朝拜小教堂，勒·柯布西耶设计，法国朗香，1950~1955 年

的斯科普里城的重建规划，尽管这一规划只有部分的实现。这种片断的特征是复合体建筑固有的；从日本新陈代谢主义者的根本观点看，这样的建筑应该不断发展，永远不会到达完满的状态。[7] 许多令人震惊的复合体建筑，根本就没有建成过。例如 Van den Broek 和 Bakema 为阿姆斯特丹设计的帕姆皮斯岛扩建工程方案（1963 年），但在整个欧洲，也有建成过的项目——特别是住宅环境和多功能城市中心——旨在作为能从理论上被无止境地扩充的建筑群的根源，从而淡化建筑物和城市建筑和城市规划的界限。这样的例子包括伦敦的瞭望楼中心(1982 年由 Chamberlin、Powell 和 Bon 设计)（图 553）和贝尔格莱德的萨瓦会议中心（由 Stojan Maksimovic 和 Aleksandar Saletic 设计，1977 ~ 1978 年，图 554）。

粗野主义和高科技

建筑和城市规划的无缝结合以及可扩展性的理论特性，也是构成主义的基本形式，一种有着多种诠释的术语。其中一种可能的解读就是 Aldo van Eyck 的格言：一座房子应该像一座小城市，而一座城市则应该像一座大房子。1956 年在杜布罗夫尼克召开的第 9 届国际现代建筑大会，Van Eyck 也参加了。出席

图 559
孤儿院，Aldo van Eyck 设计，阿姆斯特丹，1955~1960 年

图 556
经济学家办公和住宅综合楼，Alison 和 Peter Smithson 设计，伦敦，1962~1964 年

图 557
Hunstanton 中学，Alison 和 Peter Smithson 设计，英国，1950~1954 年

图 558
莱斯特大学技术系，詹姆斯·斯特林和 James Gowan 设计，莱斯特，1960~1963 年

图 560
立方房子，Piet Blom 设计，荷兰海尔蒙德，1972~1976 年

图 561
职业学校, Enrico Castiglioni 和 Carlo Fontana 设计, 意大利布斯托阿希齐奥, 1963~1964 年

图 562
Madonna dei Poveri 教堂, Luigi Figini 和 Gino Pollini 设计, 米兰, 1952~1954 年

的人看到了在南斯拉夫的斯普利特罗马帝国最后的皇帝戴克里先的宫殿一个建筑怎样可以变成一座城市的样例。

20 世纪 60 年代的激进建筑, 它的设想和建成的复合体建筑和 Van Eyck、赫尔曼·赫茨博格及 Piet Blom 的构成主义建筑, 有着共同的基础, 也都共有通常所指的粗野主义的许多特征。粗野主义这个词意义相当含糊, 不仅涉及 20 世纪 50 年代中期由詹姆斯·斯特林（James Stirling）和 Alison 与 Peter Smithson 这样的建筑师设计的英国建筑, 而且更广泛地包括"团队 10"圈子里的作品。

图 564
Balfron 塔楼, Ernö Goldfinger 设计, 伦敦, 1965~1967 年

图 568
国家大剧院, Denys Lasdun 设计, 伦敦, 1969~1976 年

图 569
Beheer 中心, 赫尔曼·赫茨博格设计, 荷兰阿珀尔多伦, 1967~1974 年

图 566
"Bakkaflöt I" 住宅, Högna Siguröardóttir 设计, 冰岛花园镇, 1965~1968 年

图 563
圣庇护十世教堂（Basilica of Saint Pius X）, Pierre Vago 设计, 卢尔德, 1955~1958 年

图 565
Calouste Gulbenkian 基金会办公楼和博物馆, Alberto Pessoa、Pedro Cid、Ruy d'Athouguia、Leslie Martin、Sommer Ribeiro、Ivor Richards 和 Nunes de Oliveira 设计, 里斯本, 1956~1983 年

图 567
Burgo 工厂, 皮埃尔·路易吉·奈尔维设计, 意大利曼图亚, 1960~1964 年

这是一群年轻的建筑师，他们组织了第 10 届国际现代建筑大会（因此而得名）。这个团队包括 Smithson、Van Eyck、Jaap Bakema、Giancarlo de Carlo、Georges Candilis 和 Shadrach Woods。这个术语暗指勒·柯布西耶的雕塑式混凝土粗表面和密斯的冷精度。[8]

所有这些建筑运动的共同基础，可以被描述为一种迷恋和一种包含各式反复讲述的形态空间与计划元素的连续的建筑体系。在这个总观点内，有两条不同的美学道路，在第一条上，经常由钢铁构成的建筑物，是一种框架，它的视觉外观取决于它的基础、设备和建筑技术。1937 年巴黎世博会上的捷克斯洛伐克展馆，可以被看作延续到 20 世纪 70 年代高科技运动的一种趋势的先驱。高科技运动在英国蓬勃发展，也表现在法国、德国、捷克斯洛伐克和南斯拉夫。这一风格最有名的样例是在巴黎的蓬皮杜中心（1977 年）（图573），它由理查德·罗杰斯（Richard Rogers）和伦佐·皮亚诺（Renzo Piano）设计。

第二条道路则强调坚实体量和构造的、雕塑式的形态。偏爱混凝土，使它一目了然，并留有木料框架、砾石集料、屋脊和浮雕痕迹，从而增加视觉吸引力。这种

图 570
Ještěd 塔楼，Karel Hubáček 设计，捷克利贝雷茨，1963~1968 年

图 571
斯涅日卡山小别墅，Dalibor Vokáč 和 Zdeněk Zavřel 设计，捷克，1974~1977 年

图 572
Máj 百货商店，Miroslav Masák、John Eisler 和 Martin Rajniš 设计，布拉格，1971~1975 年

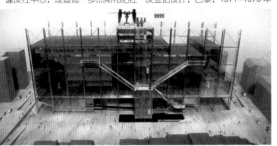

图 573
蓬皮杜中心，理查德·罗杰斯和伦佐·皮亚诺设计，巴黎，1971~1976 年

图 574
办公楼，诺曼·福斯特、Willis
Faber 和 Dumas 设计，伊普斯威奇，
1972~1975 年

图 576
伦敦动物园鸟类饲养场，Cedric
Price 和 Frank Newby 设计，伦敦，
1962~1964 年

图 575
Sainsbury 视觉艺术中心，诺曼·福斯特设计，诺里奇，1974~1977 年

图 577
音乐节圆形剧场，Rimantas
Alekna 设计，维尔纽斯，1963 年，
（根据 A.Kotli. 1960 年的塔林剧场设计）

图 579
Lloyd 的办公楼，理查德·罗杰斯设计，伦敦，1978~1986 年

图 578
奥林匹克体育场，Frei Otto 和
Günther Behnisch 设计，慕尼黑，
1968~1972 年

类型的富于表现力和重量感的混凝土浇筑成的建筑，就是被认为最接近于粗野主义的。而且这种风格在 20 世纪 60 年代和 70 年代在整个欧洲很流行，甚至在冰岛，Högna Sigurðardóttir 造就了许多印象深刻的变种，一直持续到 80 年代。

混凝土粗野主义和后来被称之为高科技的形态，显示了对 Heinrich Klotz 所称的构成原则（Das Prinzip Konstruktion）[9]一种备受瞩目的兴趣，此话是在 1986 年法兰克福德国建筑博物馆举行的 Vision der Moderne 展览会上说的。看似危险的伸出的体量，却对这种风格的某些建筑很重要，例如 Ivan Antić 在贝尔格莱德的体育中心（1973 年）（图 582）和 Boris Magaš 在斯普利特设计的体育场的浮动看台（1976 ～ 1979 年）（图

图 581
蒂尔堡火车站，K.van der Gaast 设计，荷兰，1957~1965 年

图 585
现代艺术博物馆，Ivan Antić 和
Ivanka Raspopović 设计，贝尔格
莱德，1965 年

图 586
维也纳市政厅，Roland Rainer 设计
维也纳，1953~1958 年

图 580
Žižkov 电 视 塔，Václav Aulický
和 Jiří Kozák 设 计， 布 拉 格，
1985~1992 年

图 582
"5 月 25 日" 运动和娱乐中心，
Ivan Antić 设 计， 贝 尔 格 莱 德，
1973 年

图 583
Poljud 体育场，Boris Magaš 设计，
斯普利特，1976~1979 年

190

图 584
天 文 台 和 餐 馆，Witold Lipinski 和
Waldemar Wawrzyniak 设 计， 波
兰斯涅日卡山，1966~1974 年

图 587
警 卫 站，Ulrich Müther 设 计，德
国宾茨，1968 年

图 588
展览馆，Vytautas čekanauskas 设
计，维尔纽斯，1967 年

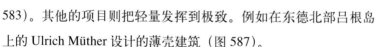

583）。其他的项目则把轻量发挥到极致。例如在东德北部吕根岛
上的 Ulrich Müther 设计的薄壳建筑（图 587）。

晚期现代主义

　　粗野主义和高科技是查尔斯·詹克斯（Charles Jencks）所称的
晚期现代建筑的两极。他把这一风格描述为第二次世界大战前现代
建筑的原则和形态的一种夸张，其特点是突出强调技术表现，把结
构特征提升到装饰高度，力求形态表达和强调整体抽象。这些都是
详述现代运动理念和特征的不同方式。[10] 詹克斯对比了晚期现代主
义和后现代主义，他在许多方面把后者看作它的对立面。通常对一

图 589
公路服务楼，George Chakhava 和 Zurab Jalaghania 设计，格鲁吉亚第比利斯，1976~1982 年

图 590
圣三一教堂，Fritz Wotruba 设计，奥地利利辛区，1974~1976 年

图 591
国家大剧院扩建，Karel Prager 设计，布拉格，1976~1983 年

图 592
斯洛伐克国家博物馆扩建，Vladimir Dĕdeček 设计，布拉迪斯拉发，1967~1979 年

图 593
捷克斯洛伐克大使馆，Vĕra 和 Vladimír Machonin 设计，柏林，1974~1978 年

图 594
议会大楼，Algimantas 和 Vytautas Nasvyčiai 设计，维尔纽斯，1970~1981 年

图 597
Drujba 寄宿舍，Nodar Kancheli 设计，乌克兰雅尔塔，1985 年

图 596
Salute 旅馆，Avraam Miletskiy 设计，基辅，1982~1985 年

图 595
Olümpia 旅馆，T.Kallas 和 R.Kersten 设计，塔林，1974~1980 年

图 598
国家图书馆，Andrea Mutnjakovic 设计，普里什蒂纳，1982 年

种新事物晚期的兴趣比早期要淡，被看成晚期现代建筑的许多东西所得到的热情认可，比现代主义的先驱们的成就所获得的认可要少。同时，晚期现代建筑，和先进的运动本身相比，即后现代主义，相形见绌。但这并不改变大量的建筑师以晚现代风格成就杰出的作品这一事实，例 如 Andrault & Parat，Gottfried Böhm，Věra & Vladimír Machonin，Francisco Javier Sáenz de Oiza，Edvard Ravnikar 和那设计了在布拉迪斯拉发（1962 ~ 1983 年）的斯洛伐克广播电台总部的建筑师：Štefan Svetko，Štefan Ďurkovič 和 Barnabáš Kissling（图 599）。

192

图 599
斯洛伐克广播大楼，Štefan Svetko，Štefan Ďurkovič 和 Barnabaš Kissling 设计，布 拉 迪 斯 拉 发，1962~1983 年

图 600
Tercüman 办 公 楼，Güna Çilingiroğlu 和 Muhlis Tunca 设计伊斯坦布尔，1974 年

　　从 20 世纪 60 年代后期以来，这两种方式——晚期现代和后现代——在欧洲和别处并列存在。曾经一个短时期，现代主义的主导地位似乎是毋庸置疑的。然而在 20 世纪 60 年代，它受到越来越多的建筑师的挑战，例如"团队 10"、O·M·翁格尔

斯和詹姆斯·斯特林，这是两位早期作品属于粗野主义类型的建筑师，而罗布·克里尔，他的早期设计和当时流行的综合体建筑紧密相关。所有这三位追求一种反映历史和环境意识的建筑，这样一来，他们就参与了对城市认识的转变，这种转变在20世纪70年代尤为明显，这和对待现在建筑与建筑的交际象征性的态度有关。（当符号论流行时，像"建筑语言"这样的术语经常能听到。）

后现代主义

环境、历史和象征意义，是1945年以来以不同的方式逐个出现的主题。但从20世纪70年代起，它们结合在一起，形

图 604
低房子（Hypo-Haus），Bea 和 Walter Betz 设计，慕尼黑，1972~1981 年

图 602
AGF 办 公 楼，Andrault
& Parat 设计，马德里，
1981 年

图 601
Torres Blancas 住宅楼，Francisco
Xavier Sáenz de Oiza 设计，马德里，
1964~1969 年

图 603
中央储蓄银行（Zentralsparkasse），
君特·多梅尼希（Günther Domenig）
设计，维也纳，1975~1979 年

图 605
Tolbiac faculty，Andrault & Parat 设计，巴黎，1971~1973 年

成对正统的现代主义的批评。在此过程中，这种批评有时沦为其真实本质的粗野丑化。于是被视作正统的东西，就成了人们最爱批评的靶子，而且和多方面、多种形式的后现代主义形成对比（它的完整的相对论很快就产生了新的教条）。后现代建筑师的自我形象也包括强调艺术才能，一个在 21 世纪中已被逐渐忽视的主题。这一点可以被看成对前现代或称早期现代理念的回归。

　　1980 年的第一个两年一次的威尼斯建筑展览，是对后现代主义的重要支持。保罗·波托盖希是这次大型现代建筑展览的负责人，展览的主题是"过去的呈

194

图 606
钢楼（Ferrohaus），Justus Dahinden 设计，苏黎世，1968~1970 年

图 607
自由大学实验室楼，Gert Hänska 设计，柏林，1967~1981 年

图 608
Xanadu 假日公寓楼，里卡多·博菲尔（Ricardo Bofill）设计，西班牙卡尔佩，1966~1968 年

图 609
市政厅，Gottfried Böhm 设计，德国本斯贝格，1964~1969 年

图 611
雕塑式住宅，André Bloc 设计，法国默东，1966 年

图 610
圣马利亚·圣母升天大教堂（Mariendom），Gottfried Böhm 设计，德国内维格斯，1965~1968 年

现"。同年波托盖希出版了《追求现代建筑》一书，即查尔斯·詹克斯的书《后现代建筑的语言》[11] 出版后 3 年。

　　"过去的呈现"，几乎完全是一个西欧和北美问题，但日本是个小小的例外。参展者 Boris Podrecca 和 Ante Josip von Kostelac 来自南斯拉夫，但当时分别在奥地利和西德居住和工作。[12] 后现代主义

也在欧洲其他地方开展，例如在马耳他的 Richard England、在南斯拉夫的 Mustafa Musić、在法国和波兰的 Stanisław Fiszer，以及 Alexander Brodsky 和在前苏联的爱沙尼亚建筑师 Vilen Künnapu 的作品就很明显。

柏林和巴塞罗那

更多的建筑师在国外有着项目，从这一点说，欧洲建筑在 20 世纪 80 年代，比以往任何时候都走向国际化。例如，这一趋势可以在新建和扩建博物馆工程中看到，它是一个飞速发展的领域。霍莱因在门兴格拉德巴赫的 Abeberg 博物馆（图 622），斯特林在斯图加特的新画廊（图 621）和理查德·迈耶（Richard Meier）在美因河畔法兰克福的 für angewandte Kunst 博物馆，只是建筑走向国际化的德国样例，这种情况在西柏林 J·P·克莱修斯（Josef

图 618
房屋, Alexander Brodsky 和 Ilya Utkin 设计, 1986 年

195

图 612
es espaces d' Abraxas 住宅楼, 里卡多·博菲尔设计, 巴黎, 1978~1983 年

图 614
Retti 蜡烛状商店, Hans Hollein 设计, 维也纳, 1964~1965 年

图 616
城市广场设计, Boris Podrecca 设计, 斯洛文尼亚 Piran, 1987~1989 年

图 613
aleri 别墅, Leonhard Lapin 设计, 沙尼亚 Laagri, 1976~1980 年

图 615
Gallaratese 住宅楼, 阿尔多·罗西设计, 米兰, 1969~1974 年

图 617
San Cataldo 公墓, 阿尔多·罗西设计, 意大利摩德纳, 1971~1984 年

图 619
第一号家禽舍式办公楼，詹姆斯·斯特林和 Michael Wilford 设计，伦敦，1986~1996 年

图 621
新画廊（Neue Staatsgalerie），詹姆斯·斯特林设计，斯图加特，1977~1983 年

图 623
Charlie 边防站住宅楼，彼得·埃森曼和 Jaquelin Robertson 设计，柏林，1982~1986 年

图 620
德国建筑博物馆，O.M.Ungers 设计，美因河畔法兰克福，1979~1984 年

图 622
Abbeiberg 博物馆，汉斯·霍莱因设计，德国门兴格拉德巴赫，1972~1982 年

图 624
旧城重建，Szczepan Baum 和 Ryszard Semka 设计，波兰埃尔布隆格，1983 年

图 626
住宅楼，Yorgos Theodossopoulo 设计，雅典，1980~1982 年

196

Paul Kleihues）领导的国际展览上也依稀可见。在这次展览上，彼得·埃森曼（Peter Eisenman）、约翰·海杜克（John Hejduk）、H·赫茨博格、J·P·克莱修斯本人、汉斯·科尔霍夫（Hans Kollhoff）、R·克里尔、OMA、阿尔多·罗西、阿尔瓦罗·西扎和 O·M·翁格尔斯，同其他许多人一道，探索所谓的批判性重建。在战后的西柏林，汽车成了天之骄子，而建筑师的工作，恢复、再建或彻底改造了城市的传统结构。

　　这种方式和 Maurice Culot 的思想是一致的，他建立了 ARAU 这个组织，后来又在布鲁塞尔整理现代建筑档案，并且从 20 世纪 60 年代末以来 R·克里尔罗布·克里尔与莱昂·克里尔推进了这些思想（后者为斯特林工作了好些年，并且在他对后现代主义的转变中起了重要作用）。克里尔兄弟把他们的使命称作"重建欧洲城市"。

　　为 1992 年的奥运会做准备工作的巴塞罗那振兴，也可以看作城市的批判性重建的一个样例。虽然 MBM 的 Oriol Bohigas 做出的规划总图，避开了明显地历史化克里尔兄弟古典主义词汇和对传统工艺与在设计表现中显示带踏板的汽车的怀旧感，但它表现了对城市结构与街道和广场的公共空间同样的关注，这些地方原先由

汽车占领，而重新改为行人使用。一批领先的设计专业人员，从 Manuel de Solà-Morales 到 Enric Miralles 参与了巴塞罗那的这些项目。而在西班牙其他地方，建筑师们，诸如拉斐尔·莫内奥 (Rafael Moneo)、Cruz y Ortiz 和圣地亚哥·卡拉特拉瓦 (Santiago Calatrava) 也在干着了不起的工作。

批判性地域主义

"批判性"这个词的使用不仅和城市复兴相关，而且"批判性地域主义"这个术语是由 Alexander Tzonis 和 Liane Lefaivre 创造、并由 K·弗兰姆普敦推广的。这是城市批判性重建的对乡村小镇的一种说法，在其中，环境特征——景观、地方传统和材

图 629
罗马艺术博物馆，拉斐尔·莫内奥设计，西班牙梅里达，1980~1985 年

料的现成形式——构成了新建筑的基础。[13] 这个术语描述了瑞士建筑师的作品，如马里奥·博塔、路易吉·斯佩兹、Aurelio Galfetti 和 Reichlin & Reinhart，他们主要活跃在提契诺，还包括阿尔瓦罗·西扎、约恩·伍重和 Sverre Fehn 的作品。相同的、批判性地致力于传统的、地区的和乡土的建筑实践的态度，也可见之于 Zlatko Ugljen 在波斯尼亚和 Imre Makovec 在匈牙利的作品中。

后现代主义在现代主义和晚期现代主义之中并与其一道逐渐出现；它没有界限分明的起始和末尾。后现代运动改变了建筑，但其更大的影响力是对建筑的外貌，

图 630
Tonini 住房, Bruno Reichlin 和 Fabio Reinhart 设计, 瑞士托里切拉,
1972~1974 年

图 633
Hedmark 博物馆, Sverre Fehn 设计, 挪威哈马尔, 1967~1979 年

图 631
Bagsværd 教堂, 约恩·伍重设计,
哥本哈根, 1974~1976 年

图 632
天主教教堂, Imre Makovecz 设计,
匈牙利帕考, 1987~1991 年

它把许多 20 世纪 60 年代和 70 年代的产品以不同的看法应用于建筑。在 20 世纪 80 年代以相同的方式, 在后现代主义中形成了一种新的建筑方法, 因而约在 20 世纪 90 年代, 就作为一种独特的现象, 变得引人注目。建筑历史化, 于是被让·努韦尔 (Jean Nouvel)、赫尔佐格与德梅隆、库哈斯和其他人作品中表现出来新的时代性浪潮一扫而光。

在建筑界刮起的这股新风, 并没有直接从当时的政治动乱中产生。动乱以柏林墙的倒塌开始, 以重划欧洲地图而告终。尽管如此, 欧洲共产主义的内爆肯定突出了后现代、相对主义思想——它流行于建筑界——而辉煌的故事和思想的现代年代已经过去。

注释

1. Jacques Lucan, *Architecture en France (1940-2000). Histoire et théories*. Paris (Le Moniteur) 2001, p. 97.
2. Tony Judt, *Postwar: A History of Europe Since 1945*. London (Penguin Press) 2007 (1st. ed. 2005), p. 16.
3. Ibid., p. 17.
4. On this topic, see the chapter 'Context' in: Adrian Forty, *Words and Buildings. A Vocabulary of Modern Architecture*. London (Thames & Hudson) 2004 (1st ed. 2000), pp. 132-135.
5. For an analysis of this period in communist countries, see Anders Åman, *Architecture and Ideology in Eastern Europe During the Stalin Era. An Aspect of Cold War History*. New York/Cambridge, Mass./London (The MIT Press) 1992 (1st ed. 1987).
6. For a detailed account and analysis of the Tallinn School, see Andres Kurg et al. (eds.), *Environment, Projects, Concepts. Architects of the School of Tallinn, 1972-1985*. Eesti Arhitektuurimuuseum, Tallinn 2008.
7. Reyner Banham, *Megastructure. Urban Futures of the Recent Past*. London (Thames & Hudson) 1976.
8. There is a great deal of overlap between publications about these different themes, which often discuss the same architects and even the same projects from different perspectives.
9. Heinrich Klotz (ed.), *Vision der Moderne. Das Prinzip Konstruktion*. Munich (Prestel) 1986 (1st ed. 1984).
10. Charles Jencks, *Late-Modern Architecture and Other Essays*. London 1980.
11. Paolo Portoghesi, *Dopo l'architettura moderna*. Bari 1980; Charles Jencks, *The Language of Post-Modern Architecture*. London/New York (Academy/Rizzoli) 1977.
12. Roma Interrotta – a project organized two years earlier in which Rome's twelve-part city plan, originally created by Giambattista Nolli, was redesigned by twelve architects – had also been a West European and North American affair, and also emphasized the contemporary relevance of the past.
13. Liane Lefaivre & Alexander Tzonis, *Critical Regionalism. Architecture and Identity in a Globalized World*. Munich etc. (Prestel) 2003.

2010 当今欧洲

Iceland

Finland

Norway

Sweden

Estonia

Latvia

Lithuania

Denmark

Belarus

Ireland

United Kingdom

The Netherlands

Poland

Germany

Belgium

Luxembourg

Czech Republic

Slovakia

Austria

Hungary

Moldavia

France

Switzerland

Slovenia

Croatia

Romania

Bosnia and Herzegovina

Serbia

Italy

Montenegro

Kosovo

Bulgaria

Macedonia

Albania

Spain

Greece

Portugal

Malta

Russian Federation

Kazachstan

Uzbekistan

Georgia

Armenia   Azerbaijan

Turkmenistan

Turkey

Cyprus

第九章
1989 年以后

最近几十年，欧洲建筑的国际化进展迅速。更多的建筑实践发生于国际范围，有时甚至超越欧洲界限，并且获得了众多国际客户的支持。同样，培养建筑师的教学课程设置具有了更强的世界性。欧洲许多地方有着学生和老师来自国外的悠久传统，但这一阶段的数量之大，以前从未有过。[1] 这种趋向在许多计划和事件中也很明显。1988 年，"法国新建筑计划"为整个欧洲的年轻建筑师举办了第一届两年一次的竞赛，当年也是第一次密斯·凡·德·罗奖的颁奖年，该奖颁发给欧盟地区建筑师设计的一处欧洲建筑，而欧盟包括成员国和在欧洲经济区的国家。

欧洲建筑文化的国际化是在政治和制度变革的背景下发生的：铁幕的倒塌、欧盟的快速扩大和经济、政治及文化领域更加牢固的联系。从更广泛的角度看，这样的国际化可以视为通常所称的全球化的一部分，即一种日益壮大的世界范围的相互依靠的进程。这一趋势的一个表现，就是越来越可能成为全世界所共享的共同参照系。这就导致一定程度的均质化：比比皆是的新建筑，比以往更相似。

图 634
UFA 电影艺术中心，蓝天组设计，德累斯顿，1993~1998 年

建筑形态和理念总是走在前头，这常常引起某种程度的均匀性，但现今这一进程加剧了，而且可能更加突出，因为这么多的建筑师在这么多不同的地区设计建筑，这样的例证太多了，如福斯特、扎哈·哈迪德（Zaha Hadid）、努韦尔和库哈斯的 OMA。美国建筑师理查德·迈耶成就了大量的欧洲建筑作品，在荷兰、德国、法国、西班牙和意大利都有他的作品。甚至那些往往在他们作品里含有明显的本地或区域元素的建筑师（现在仍然是），西扎和赫尔佐格与德梅隆现在也有着大范围的国际活动。正是这种地方和全球活动的作用和影响相结合，就成了全球化时代的特征。在其中，距离日益无关紧要了。

建筑的国际化和全球化，伴随着后现代主义曾凸显过的一种趋势：即关注建筑的文化特性，越来越多的建筑博物馆和中心，名目繁多的两年一次的、三年一次的建筑节，建筑周和建筑日，以及出版物国际的、英语文化的出现，都是这一趋势的一部分，并且有助于强化这一趋势。

203

前东欧阵营国家

即使在东部和西部 40 年的思想、政治和经济的分隔中，建筑形态和观念的差别经常也是很有限的。充其量，从 20 世纪 70 年代以来两个集团的发展速度不一样。由于东欧停滞不前的经济发展，使得建筑创新缓慢而艰难。因此，粗野主义、晚期现代和后现代风格，通常比起对西欧来，对东欧保持的影响力要长。

在 20 世纪 90 年代，前东欧集团的建筑文化，逐渐融入全球化的建筑场面中。作为这一转变的一部分，西欧建筑师，如 Erick van Egeraat 和诺曼·福斯特开始探

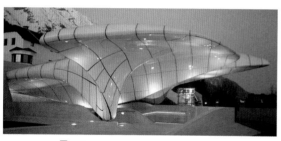

图 635
Hungerburgbahn 山间车站，扎哈·哈迪德设计，因斯布鲁克，2007 年

图 636
荷兰大使馆，OMA 设计，柏林，1998~2005 年

图 638
波尔图大学建筑系，阿尔瓦罗·西扎设计，1987~1993 年

索新近在东部可获得的设计机会，Van Egeraat 在这个地区开始为一些荷兰业主工作，现已设计了各种各样的项目，例如在布达佩斯（图 645）、布拉格、华沙、莫斯科和索契的黑海胜地。

一个任何规模的项目从概念到完成之间，常常要经历 6 年或更长的时间，有时甚至要长得多。这当然是共产主义以后的中欧和东欧的情况，在那儿，旧的建筑行业的经济和组织结构在新的秩序形成以取代它们之前就消失了。20 世纪 90 年代早期，震撼中欧和东欧的政治变革，直到 90 年代末，并未产生多少重要的新建筑，经历了 40 年在各个可想到的领域里的国家垄断后，正是私有的积极性产

图 637
博物馆（Kunsthal），OMA 设计，鹿特丹，1988~1992 年

图 639
Caixa 市场，赫尔佐格与德梅隆设计，马德里，2001~2007 年

图 640
Goetz 收藏博物馆，赫尔佐格与德梅隆设计，慕尼黑，1989~1992 年

生了第一批新的建筑，主要是规模较小的项目，如报刊亭、商店、酒吧和餐馆，现有建筑的室内装修、改建及别墅建造同其他私人住宅（常常没有许可证）。然后是公务楼、商务园、购物中心和公寓楼，只有经过这两个阶段后，变革后的政府当局才允许建筑师们复修纪念碑式建筑和创建新的公共建筑，有时是住房、公共空间、

图 642
航空博物馆，Ivan Štraus 设计，贝尔格莱德，1989 年

图 641
Allianz 表演场，赫尔佐格与德梅隆设计，慕尼黑，2002~2005 年

基础设施或城市设计。东欧在新的千年里取得了快速进步，从建筑上说，不久就赶上了这片大陆的其他地方。

　　第一批进入国际主流的国家，是新的国家斯洛文尼亚和爱沙尼亚。在那里，新的年轻人满怀信心地重新设想他们的建成环境，经常效力于新的年轻的企业家。几十年来，建筑一直由国家掌控，建筑师一直是公务员，如今重新有了独立的办事处，而年轻的一代最能促成转变的实施，在爱沙尼亚后来居上的建筑师和事务所包括3+1、Kosmos、Salto、Emil Urbel 和 Siiri Vallner；在斯洛文尼亚，新兴的建筑师有 Bevk Perovic，Dekleva Gregoric，Elastik，Ofis 和 Sadar Vuga，斯洛文尼亚侥幸躲过了折磨前南斯拉夫的战争，但在这个饱受重创的前国家别的地方，一个新建筑的出现要经历更长的

图 643
Ginger 和 Fred 办公楼，弗兰克·盖里和 Vlado Milunić 设计，布拉格，1992~1996 年

图 644
速写，Vlado Milunić 设计，1990~1991 年

图 645
ING 办公楼, Erick van Egeraat 设计, 布达佩斯, 2001~2004 年

图 647
商会楼, Sadar Vuga 设计, 卢布尔雅那, 1996~1999 年

图 649
住宅, Helena Njirić 设计, 克罗地亚罗维尼, 2004 年

图 646
Zlatý Anděl 办公楼, 让·努韦尔设计, 布拉格, 1994~2000 年

图 650
卢布尔雅那大学生物技术系, Arhitektura Krušec 设 计 2007~2010 年

图 648
Trnovski Pristan 住宅楼, Sadar Vuga 设计, 卢布尔雅那, 2002~2004 年

图 651
岸边 (Riva), 3LHD 设计, 斯普利特, 2007 年

图 652
Foorum 购物中心、住宅和办公楼, Hanno Grossschmidt 和 Tomomi Hayashi 设计, 塔林, 2005~2007 年

时间。特别值得注意的是在克罗地亚的发展，新的一代崭露头角，如 3LHD, Igor Franić、Hrvoje Njiric、Studio Up、Helena Njiric、Randic Turato 和 Goran Rako 作为他们的杰出代表人物。虽然捷克还不是公众瞩目的中心，但再次扮演了重要的角色，有着诸如 DaM、Projektil 和 A69 这样的事务所。

柏林

柏林墙的倒塌，标志这片大陆、这个国家和这个城市 40 年分裂的结束。1984 年在西柏林的国际建筑展 (IBA) 期间，最广泛地表现了欧洲的后现代主义，任何有悖于东西柏林未来合并的规划，都不能入选。在当时，这似乎是一种对现状的异常

图 654
Rotermann 街区办公楼, KOKO 设计, 塔林, 2007~2008 年

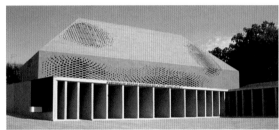

图 657
田园中心, Randić-Turato 设计, 克罗地亚里耶卡, 2008 年

207

图 653
英语学院扩建, KOKO 设计, 塔林, 2004~2007 年

图 655
运动场综合建筑, 3LHD 设计, 斯普利特, 2009 年

图 658
胜利广场办公楼, Künnapu & Padrik 设计, 塔林, 2005~2006 年

图 659
中央公园住宅群, A69 设计, 布拉格, 2010 年

否定, 但后来证明是对 1989 年的预言, 那一年柏林和德国迅速地走向统一。IBA 的对城市复兴的批判性重建的处理方式, 为东西欧新的联系奠定了基础, 并且由弗里德里希大街和其周围地区做出例证。如 Max Dudler 和 Hans Kollhoff 这样的建筑师的作品, 对 IBA 的核心概念 "城市修补" (Stadtreparatur) 做出了严谨的诠释。

柏林作为一个统一德国的首都的复活, 导致原联邦德国国家机制的重新安排和大

图 660
Beisheim 中心, Hans Kollhoff 设计, 柏林, 2000~2004 年

图 663
劳动和社会事务部, Josef Paul Kleihues 和 Norbert Hensel 设计, 柏林, 2006~2007 年

图 661
欧洲式住房, Hans Kollhoff 设计, 柏林, 1997~1999 年

图 662
教区图书馆的扩建, Max Dudler 设计, 明斯特, 2003~2005 年

图 664
土地权办公综合楼, Hans Kollhoff 设计, 科隆, 2004~2009 年

图 665
Dar ilHanin Samaritan 老年之家, 理查德·英格兰设计, 马耳他圣韦内那, 1996 年

图 666
Brandevoort 住宅区, Krier 和 Kohl 设计, 荷兰海尔蒙德, 1996~2008 年

　　规模的建设规划。在所有柏林工程中，最有象征意义的是勃兰登门附近的地区，勃兰登门恢复了原来的荣耀而成为新柏林本身的一个象征。这些工程项目有德国国会大厦，带有圆屋顶，由福斯特事务所设计（图 667），还有埃森曼的大屠杀纪念馆（图 668）。

　　柏林既不是第一个，也不是唯一的高度象征性建筑的城市。在 20 世纪 80 年代的总统任上，密特朗在巴黎对建筑遗产制订宏伟的计划。而在格林尼治的千禧年拱顶（图 670）由理查德·罗杰斯设计，本可能列入同样类型的建筑，只可惜公众热情不高。这种建筑最鼓舞人心的样例是在毕尔巴鄂的巴斯克城的古根海姆博物馆，它是由弗兰克·盖里设计的（图 669），它象征和推动了毕尔巴鄂的新生。该处被视作在整个欧洲

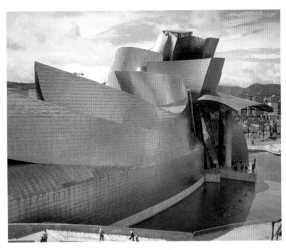

图 669
古根海姆博物馆，弗兰克·盖里设计，毕尔巴鄂，1993~1997 年

图 667
德国国会的圆屋顶，诺曼·福斯特设计，柏林，1992~1999 年

图 668
大屠杀纪念馆，彼得·埃森曼设计，柏林，1997~2005 年

图 670
千禧年拱顶，理查德·罗杰斯设计，格林尼治，1997~1999 年

209

图 671
音乐厅，Robbrecht & Daem 设计，布鲁日，1999~2002 年

的衰落城市和地区重建的榜样，这种重建的一个关键方面，经常是把以前的港口或工业区改建成住宅和工作环境，大力关注文化活动和公共空间质量。这种再开发改变了伦敦、利物浦、鹿特丹、阿姆斯特丹、马斯特里赫特、汉堡、埃森、哥本哈根、塔林和其他许多城市。它们的全新魅力主要应归功于建筑质量和多样性。

图 672
大英图书馆，科林·圣约翰·威尔逊设计，伦敦，1962~1997 年

图 673
歌剧院改建，让·努韦尔设计，里昂，1985~1993 年

文化工程

　　自从 20 世纪 90 年代以来，经常在文化部门掀起公共建筑的高潮。许多这类工程中，包括国家图书馆，如科林·圣约翰·威尔逊设计的大英图书馆(伦敦)(图672)，它花了几十年才完成（1962 ~ 1997年）。米哈伊尔·维诺格拉多夫（Mihail Vinogradov）和维克托·克拉马连科（Viktor Kramarenko）在明斯克的白俄罗斯国家图书馆（图 674）以及由施密特＋哈默＋拉森建筑事务所（schmidt/hammer/lassen）设计的丹麦皇家图书馆。新的音乐厅、歌剧院和剧院在许多地方建起来，例如布鲁日音乐厅（Robbrecht 和 Daem 设计）

图 676
易北爱乐厅，赫尔佐格与德梅隆设计，汉堡，2003~2012 年

图 677
Luxon 剧院，Bollest+Wilson 设计，鹿特丹，1996~2001 年

图 681
音乐厅，克利斯汀·德·波策姆帅雷设计，卢森堡，1997~2005 年

图 674
国家图书馆，Mihail Vinogradov 和 Viktor Kramarenko 设计，明斯克，1989~2005 年

图 678
歌剧院，Henning Larssen 设计，哥本哈根，2000~2004 年

图 679
音乐厅，让·努韦尔设计，卢塞恩，1992~1999 年

图 682
音乐大厦（Muziekgebouw aan'IJ），3XN 设计，阿姆斯特丹，1998~2004 年

图 675
歌剧院，Snøhetta 设计，奥斯陆，2004~2008 年

图 680
艺术之家，彼得·卒姆托（Peter Zumthor）设计，奥地利布雷根茨，1990~1997 年

图 683
设计之城，LIN/Finn Geipel+Giulia Andi 设计，法国圣艾蒂安，2006~2009 年

图 684
术之家，彼得·库克和科林·福埃设计，格拉茨，2001~2004 年

图 688
帝国战争博物馆（北），丹尼尔·里勃斯金设计，曼彻斯特，1997~2001 年

图 685
忆太人博物馆，丹尼尔·里勃斯金（Daniel Libeskind）设计，柏林，1989~1999 年

图 689
美术宫扩建，Ibos & Vitart 设计，里尔，1990~1997 年

图 686
录罗·克利中心，伦佐·皮亚诺设计，伯尔尼，1998~2005 年

图 690
现代博物馆，拉斐尔·莫内奥设计，斯德哥尔摩，1991~1998 年

图 687
艺术与科学之城，圣地亚哥·卡拉特拉瓦设计，巴伦西亚，1991~2008 年

图 691
大英博物馆的新设计，诺曼·福斯特设计，伦敦，1997~2000 年

图 692
Lewis Glucksman 美术馆，O'Donnell+Tuomey 设计，爱尔兰科克，2001~2004 年

（图 671）、里昂歌剧院（努韦尔设计）（图 673）、鹿特丹剧院（Bolles+Wilson 设计）（图 677）、波尔图（OMA 设计）、哥本哈根歌剧院（Henning Larssen 设计）（图 678）、奥斯陆（Snøhetta 设计）、卢塞恩音乐厅（努韦尔设计）（图 679）、卢森堡音乐厅（克利斯汀·德·波策姆帕雷设计）（图 681）、阿姆斯特丹音乐大厦（3XN 设计）（图 682）、荷兰莱利斯塔德（UN 工作室设计）和汉堡（赫尔佐格与德梅隆设计）等剧院。

图 693
保时捷博物馆，Delugan Meissl 设计，斯图加特，2005~2008 年

图 693
保时捷博物馆，Delugan Meissl 设计，斯图加特，2005~2008 年

图 699
奇亚斯玛当代艺术博物馆（Kiasma），史蒂尔·霍尔（Steven Holl）设计，赫尔辛基，1993~1998 年

图 695
宝马世界，Coop Himmelb（l）au 设计，慕尼黑，2001~2007 年

图 694
梅赛德斯奔驰博物馆，UN 工作室设计，斯图加特，2001~2006 年

图 696
当 代 艺 术 博 物 馆（MUSAC），Mansilla+Tuñón 设计，西班牙莱昂，2001~2004 年

图 697
库木美术馆（KUMU），Pekka Vapaa-vuori 设计，塔林，1994~2005 年

图 700
现代艺术大博物馆（MUDAM），贝聿铭设计，卢森堡，1995~2006 年

　　最近还有许多或大或小的艺术中心和博物馆，这是 20 世纪 80 年代开始的一种趋向，案例包括布雷根茨的艺术之家（彼得·卒姆托设计，图 680）、圣艾蒂安的设计之城（图 683）和圣纳泽尔的 Avéole 14（两者均由 LIN / Finn Geipel+Giulia Andi 设计）、维也纳的博

图 698
卫城博物馆，伯纳德·屈米设计，雅典，2003~2009 年

物馆区、格拉兹的艺术之家（彼得·库克和科林·福尼埃设计）（图 684）、柏林的犹太人博物馆（丹尼尔·里勃斯金设计，图 685）、巴伦西亚的"艺术和科学之城"（卡拉特拉瓦设计）（图 687）、伦敦的泰特现代艺术馆（赫尔佐格与德梅隆设计）、波尔图的塞拉维斯当代艺术博物馆（西扎设计）、斯德哥尔摩的现代博物馆（莫内奥设计）（图 690）、斯图加特的梅赛德斯奔驰汽车博物馆（UN 工作室设计）和保时捷汽车博物馆（Delugan & Meissl 设计）（图 693 和图 694）、慕尼黑的宝马汽车博物馆（蓝天组设计）（图 695）和沃尔夫斯堡的大众汽车博物馆（哈迪德设计）、西班牙莱昂的 MUSAC（Mansilla-Tuñón 设计）（图 696）、塔林的 KUMU 美术馆（Pekka Vapaavuori 设计）（图 697）、赫尔辛基的 Kiasma 博物馆（S·霍尔设计）（图 699）、

卢森堡的 MUDAM 博物馆（贝聿铭设计）（图 700）、萨格勒布的当代艺术博物馆（Igor Franic's studio za arhitekturu 设计）、雅典的卫城博物馆 [伯纳德·屈米（Bernard Tschumi）设计，图 698]、圣克鲁斯的 TEA（赫尔佐格和德梅隆设计）、马德拉群岛的穆达斯大厦艺术中心（保罗·戴维设计）、柏林的新博物馆（奇普菲尔德设计）、罗马的 MAXXI（哈迪德设计）（图 701）和 MACRO（Odile Decq 设计）、列支敦士登瓦杜兹的列支敦士登艺术博物馆（Morger & Degelo/Christian Kerez 设计）（图 702）、安特卫普的潮流博物馆（Neutelings Riedijk 建筑师事务所设计）（图 704）以及梅斯的蓬皮杜中心（坂茂设计）（图 705）。除了这许多已经建起来的博物馆外，还有大量未建的设计，从维尔纽斯的古根海姆博物馆（哈迪德设计）和里加的现代艺术博物馆（OMA 设计）到华沙的现代艺术博物馆（Christian Kerez 设计）和俄罗斯彼尔姆的彼尔姆博物馆 XXI（Valerio Olgiati 设计）。

213

图 705
蓬皮杜中心，坂茂设计，法国梅斯，2004~2010 年

图 706
阿克巴塔（Torre Agbar），让·努维尔设计，巴塞罗那，1999~2005 年

图 707
瑞士再保险大楼，诺曼·福斯特设计，伦敦，1997~2004 年

图 708
Mirador 住宅楼，MVRDV 设计，马德里，2001~2005 年

图 709
学生住宅，Feilden Clegg Bradley
工作室设计，利兹，2008~2009 年

图 710
TID 塔楼，51N4E 设计，地拉那，
2004~2011 年

图 711
旋转式 Torso 住宅和办公塔楼，圣
地亚哥·卡拉特拉瓦设计，马尔默，
2001~2005 年

图 712
北德意志土地银行办公楼，
Behnisch Architekten 设计，汉诺
威，1997~2002 年

偶像

遍及欧洲的这种新文化建筑的大丰收，包含了许多获得偶像地位的建筑：崇高声望的工程，有着不同寻常的形态和不落俗套的纪念碑式的多样性。并不是所有这些新偶像都是公共建筑；如有一些是办公楼、住宅开发、教育机构和其他类型的建筑，最中肯的样例包括在巴塞罗那的阿克巴塔（让·努韦尔设计，图 706）、在伦敦的瑞士再保险大楼（诺曼·福斯特设计，图 707），MVRDV 在马德里设计的大型住宅楼（图 708）、地拉那的 T1D 塔楼（51N4E 设计，图 710）和在马尔默的旋转式 Torso 住宅和办公楼（圣地亚哥·卡拉特拉瓦设计，图 711）；还有一个横向的偶像是洛桑的劳力士学习中心（SANAA，图 714）。上述这些建筑物至少反映一些现代建筑师的作用和他们的作品：作为辉煌的例外事物而凸显出来。这样的建筑师和建筑的传奇式独特性，却非常矛盾地被其无处不在所掩盖了。比起以往来，无论在何处，人们都能发现同样各类的建筑。从地方角度看，由一位国际名流，一位"明星建筑师"设计的偶像建筑，也是和世界其他地方相关联的一个标志。正如新风格的建筑，作为文化发展的象征融入在整个 20 世纪。用城市铭记的行话说，这是把城

图 713
Caja 马德里办公楼，诺曼·福斯特设计，马德里，2002~2009 年

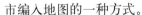

图 714
劳力士学习中心，SANAA 设计，洛桑，2004~2009 年

图 715
卡地亚艺术中心，让·努韦尔设计，巴黎，1991~1994 年

图 718
市政厅，拉斐尔·莫内奥设计，西班牙穆尔西亚，1991~1998 年

图 716
SBB 火车站，Cruz y Ortiz 设计，巴塞尔，1996~2003 年

图 717
苏格兰议会，EMBT 设计，爱丁堡，2000~2009 年

市编入地图的一种方式。

如果偶像形式被象征性地诠释，这种偶像式建筑可以被看作后现代主义的延伸[2]，然而还有一种选择，即超现代解读，它强调这种建筑的独立性和抽象性，这种独立特质使其和环境隔离开来。偶像式建筑是一种从其激进形态中吸取召唤力的现代建筑，它可能高度富于表现力、简洁、中性、整体、单色、沉重或者轻微而短暂。各式各样的项目，如让·努韦尔在巴黎的卡地亚艺术中心和在巴塞罗那的阿克巴塔，赋予它们本身以这种矛盾的后现代和超现代的解释，再现环境的后现代元素（如卡地亚艺术中心的玻璃正面，不加夸张地反映周围环境）（图 715）和传统，如阿克巴塔同高迪的圣家族教堂的相似性同超现代元素结合在一起，如卡地亚艺术中心的近似透明性和巴塞罗那塔楼看似凌驾周边环境之上。

从 1989 年以来，让·努韦尔一直是欧洲和全球的建筑文化的最有名气的人物之一，他的同代人雷姆·库哈斯（及其"大都市建筑事务所"）和赫尔佐格与德梅隆（他为欧洲建筑树立了规范）也同样享有此殊荣。同时还有一代诞生于20世纪20年代和30年代的老大师，他们继续创造重要的作品，例如Sverre Fehn、福斯特、赫茨博格、霍莱因、莫内奥、皮亚诺、罗杰斯和西扎。

焦点

在20世纪90年代，3个国家的建筑文化受到很大的关注，它们是西班牙、瑞士和荷兰。西班牙摆脱了独裁统治，从1986年起，借助欧盟的财政支援，它以多姿多彩的建筑形式轰动了世界，按这一方式，在城市和景观中的共同主题就是环境基础。这一主题把莫内奥、Juan Navarro Baldeweg、Enric Miralles、Antonio Ortiz和AMP的高度不同的作品统一起来。葡萄牙建筑（它和西班牙同期加入欧盟）也显示了某些相关的特性。在20世纪90年代早期，瑞士和荷兰在国际上崭露头角，和西班牙一样，它们也得益于经济增长的

图720
威尔士议会，理查德·罗杰斯设计，加的夫，1998~2005年

图721
Barajas机场，理查德·罗杰斯设计，马德里，1998~2006年

图719
加那利群岛总统府，AMP设计，圣克鲁斯，1986~1999年

图722
田野小教堂，彼得·卒姆托设计，德国瓦亨多夫，2007年

联合、对新建筑的强烈需求、强有力的激励实验和创新的文化氛围。瑞士和荷兰的建筑表现出明显的现代主义传统的延续性：其特征之一是形态上的极简抽象艺术和对出了名的"瑞士盒子"的简单几何图形的偏爱。这一点在一些领先人物的作品中可以见到，诸如赫尔佐格和德梅隆、Gigon/Guyer、Diener & Diener、彼得·卒姆托、Marcel Meilli/Markus Peter、Peter Märkli 和 Morger & Degeio。延续的另一个形式在于"概念服从纲领"的原则，即"形式服从功能"的变种。这在库哈斯、Neutelings Riedijk、MVRDV、NL 建筑事务所和 Bjarne Mastenbroek 的 SeARCH 等人的作品的激进形态中一目了然。把纲领直观化为一种建筑遵循的图表，就好像两次世界大战中间，宣称形态是功能的结果的功能主义者窄窄的线条景象一样。

　　荷兰的概念建筑（有时称为超荷兰建筑）追随了一段短暂的新现代主义（以 OMA、Mecanoo 和 DKV 等事务所为主导），它是对 20 世纪 80 年代国际后现代主义的荷兰式选择，而再次表明现代传统的延续。在瑞士也一样，后现代主义从属于现代主义的延续。

图 724
福格尔桑艺术博物馆，Tony Fretton 设计，丹麦措勒比，2005~2008 年

图 726
学校，Valerio Olgiati 设计，瑞士帕斯佩尔斯，1999 年

图 723
拉康津塔博物馆，Peter Märkli 设计，瑞士焦尔尼科，1995 年

图 725
公共图书馆，阿尔瓦罗·西扎设计，葡萄牙维亚纳堡，2004~2010 年

图 727
Leimbachstrasse 住宅楼，Pool Architekten 设计，苏黎世，2002~2005 年

两极

超荷兰风格和瑞士盒子间的差异并不是绝对的，就如赫尔佐格与德梅隆的作品和偶尔同库哈斯的 OMA 合作的项目所描述的。事实上还有别的联系：Gigon/Guyer 的 Mike Guyer 以前常在 OMA 工作，EM2N 是另一家瑞士事务所，它显示了同超荷兰传统的紧密联系。

20 世纪 90 年代，在其他欧洲国家的一些建筑师，也仿效荷兰模式那样的做法，尽管不总是直接受其影响。"概念遵循纲领"的看法也激励了波兰的 KWK Promes 事务所，波斯尼亚和黑塞哥维那的"不停歇工作室"（Studio non stop），许多在爱沙尼亚和克罗地亚的建筑师、丹麦的建筑业，如 Plot（2006 年又分成 JDS 和 BIG），以及在西班牙的 Cebra、Mansilla-Tunon。这样的

图 729
Villa VPRO 办公楼，MVRDV 设计，荷兰希尔弗瑟姆，1993~1997 年

图 731
世界博览会上的荷兰展馆，MVRDV 设计，汉诺威，1997~2000 年

图 730
维特拉大楼，赫尔佐格与德梅隆设计，德国莱茵河畔魏尔，2006~2010 年

图 728
圣雅克布塔楼，赫尔佐格与德梅隆设计，巴塞尔，2005~2008 年

图 732
Importanne 购物中心、住宅和办公楼，"不停工作室"设计，萨拉热窝，2007~2010 年

法国公司如 Periphériques 和 Lacaton & Vassal。同样，和瑞士相关的形式极简抽象艺术，也可在其他欧洲国家找到，如在下述建筑师的作品中：英国的 Tony Fretton、戴维·奇普菲尔德、Caruso St John and Joho Pawson；比利时的 Robbrecht & Daem、De Smet Vermeulen、AWG 和 Office Kersten Geers David Van Severen；奥地利的 Baumschlager Eberle；西班牙的 Carlos Ferrater 和 Ábalos & Herreros；葡萄牙的 Eduardo Souto de Moura；荷兰的 Claus en Kaan、Jacq. de Brouwer 和 biq，以及德国的 Hild und K，尽管在他们简单的形态背后隐藏着各种各样的意图。有时，极简抽象艺术产生于一种抽象过程，在其中，一种形态被认为"无中生有"，在其他例子中，它是一种可见的和已知的简缩过程。这种简缩的目的经常是为了给世俗事物腾出空间。建筑在本质上就是不同寻常的。但当它坚持传统，当它的形态被限制而不能闯入前景时，它又似乎是不那么特别了。

建筑师追求不寻常中的寻常和平常中的不平常品质，这可不是第一次。有一条连绵不断的线索贯穿于 19 世纪末对地区民俗、两次世界大战中间时期的传统主义和日常生活的兴趣的研究。这可见之于 Alison 和 Peter Smithson 以及他们的同行。但

图 733
篮球场综合楼（Basketbar），NL
建筑事务所设计，乌得勒支，
2000~2003 年

图 734
山村住所、住宅群，Plot（BIG
和 JDS）设计，哥本哈根，
2005~2008 年

图 735
VM 住宅楼，Plot（BIG 和 JDS）设计，哥本哈根，2004~2005 年

现今比过去任何时候，对平常建筑更大的热情，似乎是对挑衅性的出现如此多的不平常建筑作出的回应。这种独特建筑，并不是以相同的激情和频度在整个欧洲产生，但它在这片大陆许多地方比比皆是，而且在城市景观中赫然在目，这样的建筑确实显示了生产它的社会的形态和特性。但同样，确实在有些地方，有着如此多的建筑，以致只好服从恢复缩减的法律以逐步减小影响。

　　20世纪的欧洲建筑历史可以总结为一种决定论的过程。由于人口持续增长和流向城市，就必须不断建造新的住房，而增长中的繁荣富裕也使之可能做到。在此过程中，主要重点放在公共和文化类建筑上。这种重点一直没有改变，但经过两个世纪不断的人口增长后，欧洲现在似乎在走向停滞甚至衰退。而这片大陆在全球经济中的重要性也在下降，因此自然而然，未来的建筑会更少，所有已经建成的建筑物只会促使未来的需求减少。当然永远存在对新建筑的需求，但不是以20世纪欧洲习惯的规模。

220　　**注释**

1. The Erasmus student exchange programme has played a crucial role in this process of internationalization. This programme was established in 1987 on the initiative of the European Commission. The participating countries are the member states of the European Union, Norway, Switzerland and Turkey.
2. Charles Jencks, *The Iconic Building*. New York (Rizzoli) 2005.

参考文献

　　以下图书清单主要是想给有意愿了解有关欧洲建筑和城市规划中的某个特定学科或主题的人们提供帮助。它不包括电子资料、期刊和杂志文章、专题论文、建筑指南，其中后两类资料实在是浩如烟海。同样的，以下清单中也不包括谈及 20 世纪欧洲建筑和城市规划的各种各样的历史、艺术史、社会学和经济学著作。这一清单包括了大量的权威经典著作和广为人知的图书，有一些是我查阅的原著，另一些是重印版或翻译版。非常多的书是英文版的，但是鉴于欧洲文化的多语言特性，有一些书是其他文版的也就不奇怪了。

Aasat Ehitamist Eestis 1918-1938. Konjuktuuriinstituut, Tallinn 1939, reprint Eesti Arhitektuurimuuseum, Tallinn 2006

Aesopos, Yannis, & Yorgos Simeoforidis, *Landscapes of Modernisation. Greek Architecture, 1960s and 1990s.* Athens (Metapolis) 1999

Åman, Anders, *Architecture and Ideology in Eastern Europe During the Stalin Era. An Aspect of Cold War History.* Cambridge, Mass./London (The MIT Press) 1992

Anděl, Jaroslav, *The New Vision for the New Architecture. Czechoslovakia 1918-1938.* Zurich (Scalo) 2006

Anna, Susanne, *Das Bauhaus im Osten. Slowakische und Tschechische Avantgarde 1928-1939.* Ostfildern (Hatje Cantz) 1998

Architecture of the Early XX. Century. New York (Rizzoli) 1990

Banham, Reyner, *Theory and Design in the First Machine Age.* New York (Praeger) 1960

—, *Brutalismus in der Architektur. Ethik oder Ästhetik.* Stuttgart (Karl Kramer) 1966

Baše, Miroslav, et al., *Česká architektura. 1945-1995 / Czech architecture. 1945-1995.* Prague (Obec architektů) 1995

Becker, Annette, John Olley & Wilfried Wang (eds.), *20th-Century Architecture. Ireland.* Munich/New York (Prestel) 1997

—, Dietmar Steiner & Wilfried Wang (eds), *Architektur im 20. Jahrhundert. Österreich.* Munich/London/New York (Prestel) 1998

—, Ana Tostões & Wilfried Wang, *Architektur im 20.*

Jahrhundert. Portugal. Munich/London/New York (Prestel) 1998

Behne, Adolf, *The Modern Functional Building (Texts & Documents).* Santa Monica (The Getty Center for the History of Art) 1996; original German edition 1923

Benevolo, Leonardo, *History of Modern Architecture.* Cambridge, Mass. (The MIT Press) 1977

Benton, Charlotte, Tim Benton & Ghislaine Wood, *Art Deco 1910-1939.* London (V&A Publishing) 2010

Blagojevic, Ljiljana, *Modernism in Serbia. The Elusive Margins of Belgrade Architecture, 1919-1941.* Cambridge, Mass. (The MIT Press) 2003

Blau, Eve, & Monika Platzer (eds.), *Shaping the Great City. Modern Architecture in Central Europe, 1890-1930.* Munich (Prestel) 1999

– and Ivan Rupnik (eds.), *Project Zagreb. Transition as Condition, Strategy and Practice.* Barcelona (Actar) 2007

Bozdogan, Sibel, *Modernism and Nation-Building. Turkish Architectural Culture in the Early Republic.* Studies in Modernity and National Identity, Washington (University of Washington Press) 2001

Brumfield, William Craft, *The Origins of Modernism in Russian Architecture.* Berkeley/Los Angeles/Oxford (University of California Press) 1991

Building a New Europe. Portraits of Modern Architects. Essays by George Nelson 1935-1936. New Haven (Yale University Press) 2007

Burg, Annegret, *Stadtarchitektur Mailand 1920-1940. Die Bewegung des Novecento Milanese um Giovanni Muzio und Giuseppe de Finetti.* Basel (Birkhäuser) 1992

Caldenby, Claes, Jöran Lindvall & Wilfried Wang (eds.), *20th-Century Architecture. Sweden* Munich/New York (Prestel) 1998

Capomolla, Rinaldo, Marco Mulazzani & Rosalia Vittorini, *Case del Balilla. Architettura e Fascismo.* Milan (Electa) 2008

Čeferin, Petra, & Cvetka Požar (eds.), *Architectural Epicentres. Inventing Architecture, Intervening in Reality.* Architecture Museum of Ljubljana, Ljubljana 2008

Ciucci, Giorgio, & Giorgio Muratore, *Storia dell'architettura italiana. Il primo novecento.* Milan (Electa) 2004

Classicismo nordico. Architettura nei paesi scandinavi 1910-1930. Milan (Electa) 1988

Dal Co, Francesco, *Storia dell'architettura italiana. Il secondo novecento.* Milan (Electa) 1997

Condaratos, Savas, & Wilfried Wang (eds.), *20th Century Architecture. Greece.* Munich/London/New York (Prestel) 1999

Connah, Roger, *Finland (Modern Architectures in History).* London (Reaktion Books) 2005

Curtis, William, *Modern Architecture since 1900*. Oxford (Phaidon) 1982

Czyżewski, Adam (ed.), *Honorowa Nagroda SARP, 1966-2006 / SARP Honor Prize, 1966-2006*. Warschaw (SARP) 2006

Descontinuidade. Arquitectura contemporânea norte de Portugal. N.p. (Civilização) 2005

Dobrenko, Evgeny, & Eric Naiman (eds.), *The Landscape of Stalinism. The Art and Ideology of Soviet Space*. Studies in Modernity and National Identity, Seattle/London (University of Washington Press) 2003

Dogramaci, Burcu, *Kulturtransfer und nationale Identität. Deutschsprachige Architekten, Stadtplaner und Bildhauer in der Türkei nach 1927*. Berlin (Gebr. Mann) 2008

Doytchinov, Grigor, & Christo Gantchev, *Österreichische Architekten in Bulgarien 1878-1918*. Vienna (Böhlau) 2001

Drexler, Arthur, *Transformations in Modern Architecture*. Museum of Modern Art, New York 1980

Elwall, Robert, *Building a Better Tomorrow. Architecture in Britain in the 1950s*. Chichester (John Wiley & Sons) 2000

Epner, Pille (ed.), *Buum/Ruum. Uus Eesti Arhitektuur / Boom/Room. New Estonian Architecture*. Tallinn (Eesti Arhitektide Liit) 2009

Etlin, Richard, *Modernism in Italian Architecture. 1890-1940*. Cambridge, Mass./London (The MIT Press) 1991

Foltyn, Ladislav, *Slowakische Architektur und die Tschechische Avantgarde 1918-1939*. Dresden (Verlag der Kunst) 1991

Forty, Adrian, *Words and Buildings. A Vocabulary of Modern Architecture*. London (Thames & Hudson) 2000

Frampton, Kenneth, *Modern Architecture. A Critical History*. London (Thames & Hudson) 1982; Dutch translation. *Moderne architectuur. Een kritische geschiedenis*. Nijmegen (SUN) 1988, fifth revised and augmented print Amsterdam (SUN) 2006

— and Yuri Gnedovsky (eds.), *World Architecture 1900-2000. A Critical Mosaic. Part 7, Russia-USSR-CIS*. Vienna (Springer) 1999

— and Vittorio Magnago Lampugnani (eds.), *World Architecture 1900-2000. A Critical Mosaic. Part 4, Mediterranean Basin*. Vienna (Springer) 2002

—, Wilfried Wang & Helga Kusolitsch (eds.), *World Architecture 1900-2000. A Critical Mosaic. Part 3, Northern Europe / Central Europe / Western Europe*. Vienna (Springer) 2000

Ghirardo, Diane, *Building New Communities. New Deal America and Fascist Italy*. Princeton, NJ (Princeton University Press) 1989

Giedion, Sigfried, *Building in France. Building in Iron. Building in Ferro-Concrete (Texts and Documents)*. Santa Monica (The Getty Center for the History of Art) 1995

Gray, Diane (ed.), *Mies van der Rohe Pavilion Award for European Architecture*. The Hague (SDU) 1990

– (ed.), *Mies Van der Rohe Pavilion Award for European Architecture. 1992, 1993 and 1994*

— (ed.), *5th Mies van der Rohe Pavilion Award for European Architecture*. Milan (Electa) 1997

— (ed.), *6th Mies Van Der Rohe Award for European Architecture*. Barcelona (Actar) 2000

— (ed.), *European Union Prize for contemporary architecture Mies van der Rohe Award 2001*. Barcelona (Actar) 2002; the publications concerning the prizes for the years 2003, 2005, 2007 and 2009 were published in 2003, 2005, 2007 and 2010 respectively

Gubler, Jacques, *Nationalisme et internationalisme dans l'architecture moderne de la Suisse*. Geneva (Editions Archigraphie) 1988

Hannema, Kirsten, & Hans Ibelings, *New European Architecture 0708*. Amsterdam (A10) 2007; the A10 yearbooks of 0809, 0910 and 1011 were published in 2008, 2010 and 2011 respectively, the last two with SUN architecture Publishers

Hausegger, Gudrun (ed.), *Austrian Architecture in the 20th and 21st Centuries*. Basel/Boston/Berlin (Birkhäuser) 2006

Hitchcock, Henry-Russell, *Architecture. Nineteenth and Twentieth Centuries*. Baltimore (Penguin Books) 1958

Holod, Renata, & Ahmet Evin, *Modern Turkish Architecture*. Philadelphia (University of Pennsylvania Press) 1984

Howard, Jeremy, *Art Nouveau. International and National Styles in Europe*. Manchester/New York (Manchester University Press) 1996

— (ed.), *Architecture 1900. Stockholm-Helsinki-Tallinn-Riga-St Petersburg*. Museum of Estonian Architecture, Tallinn 2003

Hurnaus, Herta, Benjamin Konrad & Maik Novotny, *Eastmodern. Architecture and Design of the 1960s and 1970s in Slovakia*. Vienna (Springer) 2007

Hans Ibelings, *Nederlandse architectuur van de twintigste eeuw*. Rotterdam (NAi) 1999

—, *Het kunstmatig landschap. Hedendaagse architectuur, stedenbouw en landschapsarchitectuur in Nederland*. Rotterdam (NAi) 2000

— (ed.), *Restart. Arhitektura u Bosni i Hercegovini 1995.- 2010. / Restart. Architecture in Bosnia and Herzegovina 1995-2010*. Sarajevo (Izdavac) 2010

— and Krunoslav Ivanišin, *Landscapes of Transition. An Optimistic Decade of Croatian Architectural Culture*. Amsterdam (SUN) 2009

Jabłońska, Teresa, *Stanisława Witkiewicza Styl Zakopiański / The Zakopane Style of Stanisław Witkiewicz*. Lesko (Bosz) 2008

Jacobus, John, *Twentieth-Century Architecture. The Middle Years 1940-1965*. New York/Washington (Praeger) 1966

Jencks, Charles, *Late-Modern Architecture and Other Essays*. London (Academy) 1980

—, *The Language of Post-Modern Architecture*. London/New York (Academy/Rizzoli) 1977

—, *The Iconic Building. The Power of Enigma*. London (Frances Lincoln) 2005

222

Joedicke, Jürgen, *Geschichte der modernen Architektur*.
Stuttgart (Gerd Hatje) 1958
—, *Moderne Baukunst. Synthese aus Form, Funktion und
Konstruktion*. Frankfurt (BGG) 1959
—, *Moderne Architektur. Strömungen und Tendenzen*.
Stuttgart/Bern (Karl Krämer) 1969
Kähler, Gert, *The Path of Modernism, Architecture 1900-1930.
From the World Heritage of Wrocław to that of Dessau*.
Berlin (Jovis) 2009
Kahn-Magomedov, Selim O., *Pioneers of Soviet
Architecture*. New York (Rizzoli) 1987
Kalm, Mart, *Eesti XX sajandi arhitektuur / Estonian 20th-
Century Architecture*. Tallinn (Sild) 2001
Klotz, Heinrich, *Revision der Moderne. Postmoderne
Architektur 1960-1980*. Munich (Prestel) 1984
— (ed.), *Vision der Moderne. Das Prinzip Konstruktion*.
Munich (Prestel) 1986
Kostof, Spiro, *A History of Architecture. Settings and Rituals*.
Oxford (Oxford University Press) 1985
Kulterman, Udo, *New Architecture in the World*. New York
(Universe Books) 1965; English edition London (Barrie
& Jenkins) 1976, German translation *Zeitgenössische
Architektur in Osteuropa*. Cologne (DuMont) 1985
Kurg, Andres, et al. (eds.), *Environment, Projects, Concepts.
Architects of the School of Tallinn, 1972-1985*. Eesti
Arhitektuurimuuseum, Tallinn 2008
Lampugnani, Vittorio Magnago, *Architektur und
Städtebau des 20. Jahrhunderts*. Stuttgart (Hatje)1980
—, *Lexikon der Architektur des 20. Jahrhunderts*. Ostfildern-
Ruit (Gerd Hatje) 1998; Dutch translation *Lexicon van
de architectuur van de twintigste eeuw*. Amsterdam (SUN)
2006
—, *Die Stadt im 20. Jahrhundert. Visionen, Entwürfe, Gebautes*.
Berlin (Wagenbach) 2010
Lees, Andrew, & Lynn Hollen Lees, *Cities and the Making
of Modern Europe. 1750-1914*. Cambridge (Cambridge
University Press) 2010
Leśnikowski, Wojciech (ed.), *East European Modernism:
Architecture in Czechoslovakia, Hungary and Poland Between
the Wars*. London (Thames & Hudson) 1996
Loo, Anne van, et al., *Repertorium van de architectuur in
België. Van 1830 tot heden*. Antwerp (Mercatorfonds) 2003
Lootsma, Bart, *Superdutch. De tweede moderniteit van de
Nederlandse architectuur*. Nijmegen (SUN) 2000
Lucan, J., *Architecture en France (1940-2000). Histoire et
théories*. Paris (Le Moniteur) 2001
Machedon, Luminiţa, & Ernie Scoffham, *Romanian
Modernism. The Architecture of Bucharest, 1920-1940*.
Cambridge, Mass./London (The MIT Press) 1999
McLaren, Brian L., *Architecture and Tourism in Italian
Colonial Libya. An Ambivalent Modernism*. Studies in
Modernity and National Identity, Washington
(University of Washington Press) 2006
Meseure, Anna, Martin Tschanz & Wilfried Wang
(eds.), *Architektur im 20. Jahrhundert. Schweiz*. Munich/
London/New York (Prestel) 1998

Miceli-Farrugia, Alberto, & Petra Bianchi, *Modernist
Malta. The Architectural Legacy*. Gzira (Kamra tal-Periti)
2009
Miletić Abramović, Ljiljana, *Parallels and Contrasts.
Serbian Architecture 1980-2005. Muzej primenjene umetnosti*,
Belgrade 2007
Moravánszky, Ákos, *Die Erneuerung der Baukunst. Wege
zur Moderne in Mitteleuropa 1900-1940*. Salzburg/Vienna
(Residenz) 1988
—, *Competing Visions. Aesthetic Invention and Social
Imagination in Central European Architecture, 1867-1918*.
Cambridge, Mass. (The MIT Press) 1998
Mrduljaš, Maroje (ed.), *Suvremena Hrvatska Arhitektura.
Testiranje Stvarnosti / Contemporary Croatian Architecture.
Testing Reality*. Zagreb (Oris) 2008
Nicolai, Bernd, *Architektur und Exil. Kulturtransfer und
architektonische Emigration von 1930 bis 1950*. Trier (Porta
Alba) 2003
Norberg-Schulz, Christian, *Modern Norwegian
Architecture*. Oslo etc. (Norwegian University Press)
1986
Norri, Marja-Riitta, Elina Standertskjold & Wilfried
Wang (eds.), *20th-Century Architecture. Finland*. Munich/
London/New York (Prestel) 2000
Pare, Richard, *The Lost Vanguard. Russian Modernist
Architecture 1922-1932*. New York (Monacelli) 2007
Pevsner, Nikolaus, *A History of Building Types*. Princeton
(Princeton University Press) 1979
—, *An Outline of European Architecture*. London (Thames &
Hudson) 1990
Perović, Miloš R., *Srpska arhitektura XX veka. Od
istoricizma do drugog modernizma / Serbian 20th-Century
Architecture. From historicism to second modernism*.
Arhitektonski fakultet Univerziteta u Beogradu,
Belgrade 2003
Platz, Gustav Adolf, *Die Baukunst der neuesten Zeit*. Berlin
(Gebr. Mann) 2000
Popescu, Carmen, *Le style national roumain. Construire une
nation à travers l'architecture 1881-1945*. Rennes (Presses
universitaires de Rennes) 2004
Portoghesi, Paolo, *Dopo l'architettura moderna*. Bari
(Laterza) 1980
Powers, Alan, *Britain. Modern Architectures in History*,
London (Reaktion Books) 2007
Purchla, Jacek, & Wolf Tegethoff (eds.), *Nation Style
Modernism*. Krakow/Munich (Comité International
d'Histoire de l'Art) 2006
Radović Mahečić, Darja, *Moderna arhitektura u Hrvatskoj
1930-ih / Modern Architecture in Croatia 1930s*. Zagreb
(Školska knjiga) 2007
Richards, J.M., Nikolaus Pevsner & Dennis Sharp
(eds.), *The Anti-Rationalists and the Rationalists*. London
(Architectural Press) 2000
Risselada, Max, & Dirk van Heuvel (eds.), *Team 10 1953-
1981. In Search of a Utopia of the Present*. Rotterdam (NAi)
n.d.

Rupnik, Ivan, *A Peripheral Moment. Experiments in Architectural Agency Croatia. 1999-2010.* Barcelona (Actar) 2010

Russell, Frank (ed.), *Art Nouveau Architecture.* London (Academy Editions) 1979

Schneider, Romana, Winfried Nerdinger & Wilfried Wang (eds.), *Architektur im 20. Jahrhundert. Deutschland.* Munich/London/New York (Prestel) 2000

Sharp, Dennis, *Twentieth Century Architecture. A Visual History.* London (Images) 2004

Skousbøll, Karin, *Greek Architecture Now.* Athens (Studio Art) 2006

Smithson, Alison & Peter, *The Heroic Period of Modern Architecture.* New York (Rizzoli) 1981

Spier, Steven, & Martin Tschanz, *Swiss Made. Neue Schweizer Architektur.* Munich (DVA) 2003

Stiller, Adolph (ed.), *Finnland. Architektur im 20. Jahrhundert.* Salzburg (Anton Pustet) 2001

— (ed.), *Luxemburg. Architektur in Luxemburg / Architecture au Luxembourg.* Salzburg (Anton Pustet) 2001

— (ed.), *Avantgarde und Kontinuitat. Kroatien - Zagreb - Adria.* Salzburg (Anton Pustet) 2007

— (ed.), *Bulgarien. Architektonische Fragmente / България - архитектурни фрагменти.* Salzburg (Anton Pustet) 2007

— (ed.), *Romania. Architectural Moments from the Nineteenth Century to the Present.* Salzburg (Anton Pustet) 2007

— (ed.), *Polen. Architektur / Polska, Architektura.* Salzburg (Anton Pustet) 2008

— (ed.), *Slowenien. Architektur. Meister & Szene / Slovenia. Architecture. The Masters & the Scene.* Salzburg (Anton Pustet) 2008

— and Štefan Šlachta, *Architektur Slowakei. Impulse und Reflexion / Architektúra Slovenska. Impulzy a reflexie.* Salzburg (Anton Pustet) 2003

Štraus, Ivan, *The Architecture of Bosnia and Herzegovina 1945-1995.* Sarajevo (Oko Graficko Izdavacka Kuca) 1998

Svácha, Rostislav, *Czech Architecture and Its Austerity. Fifty Buildings 1989-2004.* Prague (Prostor) 2004

Tafuri, Manfredo, & Francesco Dal Co, *Architettura contemporanea.* Milan (Electa) 1976; English translation *Modern Architecture. History of World Architecture,* New York (Abrams) 1979

Tarkhanov, Alexei, & Sergei Kavtaradze, *Stalinist Architecture.* London (Laurence King) 1992

Tournikiotis, Panayotis, *The Historiography of Modern Architecture.* Cambridge, Mass./London (The MIT Press) 1999

Tzonis, Alexander, & Liane Lefaivre, *Architecture in Europe since 1968. Memory and Invention.* London (Thames & Hudson) 1992

— and —, *Critical Regionalism. Architecture and Identity in a Globalized World.* Munich/New York (Prestel) 2003

Uchytil, Andrej, Zrinka Barišić Marenić & Emir Kahrović, *Leksikon arhitekata atlasa hrvatske arhitekture xx. Stoljeća.* Arhitektoniski Fakultet Zagreb, Zagreb 2009

Vidler, Anthony, *Histories of the Immediate Present. Inventing Architectural Modernism.* Cambridge, Mass. (The MIT Press) 2008

Vigato, Jean-Claude,. *L'architecture régionaliste. France 1890-1950.* Paris (Norma) 1994

Widenheim, Cecilia, *Utopia and Reality. Modernity in Sweden 1900-1960.* New Haven (Yale University Press) 2002

插图出处

来源于 Wikimedia Commons 和 Flickr 的所有图片在出版时均标明版权所有人及其相应的 Creative Commons 许可证。

30 Jahre sowjetische Architektur in der RSFSR, Leipzig (VEB Bibliografisches Institut) 1951: 155; 51N4E: 710; Amarpilot: 31; *AMC Le Moniteur 1900—2000*: 573; Anděl, Jaroslav, *The New Vision for the New Architecture: Czechoslovakia 1918-1938*. Zurich (Scalo) 2006: 40, 45, 46; *L'Arca 27*, mei 1989: 549; Backaert, Roel: 199, 465, 513, 550, 566, 581, 582, 584, 587, 604, 607; Banham, Reyner, *Brutalismus in der Architektur*. Stuttgart/Bern (Karl Krämer) 1966: 501, 556, 562; Barey, André, *Declaration de Bruxelles 1980*. Brussels (Archives d'Architecture Moderne) 1980: 26; Becker, H.-J., and W. Schlote, *Neuer Wohnbau in Finland. New Housing in Finland*. Stuttgart (Karl Krämer) 1964: 504; Besset, Maurice, *New French Architecture*. New York (Praeger) 1967: 89, 488, 563; Biblioteca de Arte-Fundação Calouste Gulbenkian: 130; Boer, Niek de, and Donald Lambert, *Woonwijken. Nederlandse stedenbouw 1945-1985*. Rotterdam (010) 1987: 205; Bruns, Dimitri, Rasmus Kangropool and Valmi Kalion, *Tallinna Arhitektuur*. Tallinn (Eesti Raamat) 1987: 23, 595; Buekschmitt, Justus, *Ernst May, Bauten und Planungen*. deel 1. Stuttgart 1963: 206; Burkhardt, François, Claude Eveno, Boris Podrecca, *Joze Plecnik Architekt 1872-1957*. Munich (Callwey) 1987: 251; Caldenby, Claes, Jöran Lindvall and Wilfried Wang, *Sweden. 20th-Century Architecture*. Munich/New York (Prestel) 1998: 94; Capitel, Anton and Wilfried Wang (red.), *Twentieth Century Architecture. Spain*. Madrid (Tanais Ediciones) 2002: 514, 531; Capomolla, R., M. Mulazzani and R. Vittorini, *Le Casa del Balilla. Architettura e fascismo*. Milan (Electa) 2008: 136, 137; Centre for Central European Architecture: 551; Cichy, Bodo, *Baukunst unserer Zeit*. Essen (Burkhardt Verlag Ernst Heyer) 1969: 36, 59, 175, 176, 233, 285, 501, 561, 614; Condaratos, Savos and Wilfried Wang (red.), *Greece: 20th-Century Architecture*. Munich/New York (Prestel) 1999: 191, 198, 418, 627; Czyżewski, Adam, *Honorowa Nagroda SARP/SARP Honor Prize. 1966-2006*. Warschau (SARP) 2006: 624; Drexler, Arthur, *Transformations in Modern Architecture*. London (Secker & Warburg) 1980: 502, 546, 605, 630; Dušek, Karel, *Česká architektura 1945-1995*. Prague (Obec architektů) 1995: 571, 572; *Erling Viksjø. Arkitekt*. Oslo (Norsk Arkitekturmuseum) 1999: 479; Faber, Tobias, *New Danish Architecture*. New York (Praeger) 1968: 185; Fleig,

Karl (red.), *Alvar Aalto*. Zurich (Girsberger) 1983: 378; Flickr/Marek I Ewa Wojciechowscy: 14 top; Flickr/Maria Bostenaru: 7; Flickr/miemo: 109; Flickr/mr lynch: 442; Flickr/Roel Wijnants: 297; Flickr/Truus, Bob & Jan too!: 218; Galardi, Alberto, *New Italian Architecture. Neue italienische Architektur*. Teufen (Niggli) 1967: 527, 567; Grimmer, Vera and Dubravka Kisić, *Ivan Vitić. Arhitektura*. Zagreb (UHA) 2005: 467, 535, 536; The Gulbenkian Headquarters and Museum. Lisbon (Calouste Gulbenkian Foundation) 2006: 565; Holčík, Štefan, *Bratislava alt und neu*. Bratislava (Tatran) 1987: 76, 80; Holod, Renata and Ahmet Evin, *Modern Turkish Architecture*. Philadelphia (University of Pennsylvania Press) 1984: 88, 600; Hüter, Karl-Heinz, *Architektur in Berlin 1900-1933*. Stuttgart (Kohlhammer) 1988: 263; *Ignazio Gardella. Progetti e architetture 1993-1990*. Venetië (Marsilio) 1992: 526; Ikonnikov, A., *Soviet Architecture Today. 1960s—early 1970s*. Leningrad (Aurora Art) 1975: 157, 158, 588; James, Warren A., *Ricardo Bofill Taller de Arquitectura. Buildings and projects 1960-1985*. New York (Rizzoli) 1988: 608, 612; *Jaromír Krejcar. 1895-1949*. Prague (Galerie Jaroslav Fragner) 1995: 394; Johnsen, Espen, *Brytninger. Norsk arkitektur 1945-1965*. Oslo (Nasjonalmuseet) 2010: 17; Kadić, Emir, *Architect Reuf Kadić. And the Beginnings of Modern Architecture in Bosnia and Herzegovina*. Sarajevo 2010: 387, 487; *Keskkonnad, Projektid, Kontseptsioonid. Tallinna Kooli Arhitektid 1972-1985*. Tallinn (Eesti Arhitektuurmuuseum) 2008: 613; Klotz, Heinrich, *Moderne und Postmodern. Architektur der Gegenwart 1960-1980*. Braunschweig/Wiesbaden (Vieweg) 1984: 281; Lammert, Ule, Hans-Joachim Kadatz, Edmund Collein and Hans Gericke, *Architektur und Städtebau in der DDR*. Leipzig (VEB E.A. Seemann Verlag) 1969: 87; Lampugnani, Vittorio Magnago, *Architecture of the 20th century in drawings*. New York (Rizzoli) 1982: 27, 66; Lemoine, Bertrand and Philippe Rivoirard, *L'Architecture des années 30*. Parijs (La Manufacture), 1987: 5, 452; Leppik, Harry, *Kolhoosiehitus Nõukogude Eestis*. Tallinn (Valgus) 1980: 73, 74; Leśnikowski, Wojciech, *East European Modernism. Architecture in Czechoslovakia, Hungary and Poland Between the Wars*. London (Thames & Hudson) 1996: 144, 215; Leuthäuser, Gabriele and Peter Gössel, *Functional architecture. The international style, 1925-1940*. Cologne (Taschen) 1990: 179, 228, 230, 235, 237; Maxwell, Robert, *New British Architecture*. New York (Praeger) 1973: 48; Moretti, Bruno, *Case d'abitazione in Italia*, Milan (Hoepli) 1947: 9, 240; Müller-Wulckow, Walter, *Bauten der Arbeit und des Verkehrs aus deutscher Gegenwart. Die blauen Bücher*. Leipzig (Karl Robert Langewiesche) 1928: 350, 352;

Müller-Wulckow, Walter, *Bauten der Gemeinschaft aus deutscher Gegenwart. Die blauen Bücher*. Leipzig (Karl Robert Langewiesche) 1928: 61, 265, 339, 340, 409, 450; Müller-Wulckow, Walter, *Wohnbauten und Siedlungen aus deutscher Gegenwart. Die blauen Bücher*. Leipzig (Karl Robert Langewiesche) 1928: 42, 93, 257, 329, 335, 393, 427; Pagani, Carlo, *Architettura italiana oggi*. Milan (Hoepli) 1995: 461, 462; Panoramio/Paoli: 4; *Paper Architecture. New Projects from the Soviet Union*. New York (Rizzoli) 1990: 618; Phokaides, Petros: 489, 493; Posener, Julius, *Berlin auf dem Wege zu einer neuen Architektur*. Munich (Prestel) 1979: 10, 11; Rákosy, Gyula, and Jószef Szentmiklósi, *Anthologie de l'architecture*. Boedapest (Architectura) z.j.: 91, 145, 146, 147, 148, 149, 150, 366, 367, 368, 396, 397; Sadar Vuga: 648; Sartoris, Alberto, *Encyclopedie de l'architecture nouvelle. Ordre et Climat Méditerranéens*. Milan (Hoepli) 1948: 190, 196, 374, 395, 400, 412, 413, 414, 416, 418, 496; Schwarz, Hans-Peter, and Bernhard Schneider, *Iakov Chernikhov. Architektonische Fantasien*. London (AD) 1989: 63, 64; Sharville, Ruth: 13; *Skopje Resurgent*. New York (United Nations) 1970: 266; Stiller, Adolph (red.), *Slowenien. Architektur. Meister & Szene / Slovenia. Architecture. The Masters & the Scene*. Salzburg (Anton Pustet) z.j.: 411; Studio non stop: 732; Sullivan, Mary Ann: 424; Svácha, Rostislav, *Czech Architecture and Its Austerity. Fifty Buildings 1989-2004*. Prague (Prostor) 2004: 644; Tangurov, Y., M. Todorova and A. Sharliev, *The architecture of modern Bulgaria*. Sofia (Technika) 1972: 24; Thake, Conrad and Quentin Hughes, *Malta War & Peace. An Architectural Chronicle 1800-2000*. Santa Venera (Midsea Books) 2005: 195, 552, 665; Torriano, Piero, *Giovanni Muzio*. Geneva (Maestri dell'architettura) 1931: 6, 8; Vodopivec, Aleš and Rok Žnidaršič (red.), *Edvard Ravnikar. Architect and Teacher*. Vienna/New York (Springer) 2010: 217, 537; Vriend, J.J., *Nieuwere Architectuur. De ontwikkeling der architectuur van 1800 tot heden*. Bussum (Moussault's) 1957: 483; Wattjes, J.G., *Moderne architectuur*. Amsterdam (Kosmos) 1927: 315, 434; Webb, James: 591; Widesheim, Cecilia, *Utopia and Reality. Modernity in Sweden 1900-1960*. New Haven/London (Yale University Press) 2002: 62; Wikimedia Commons/555-Nase: 628; Wikimedia Commons/A. Savin: 55; Wikimedia Commons/Adrian Michael: 723; Wikimedia Commons/Air252342: 721; Wikimedia Commons/AK09: 579; Wikimedia Commons/Aktron: 343; Wikimedia Commons/Alavisan: 256; Wikimedia Commons/Alexander Buschorn: 578; Wikimedia Commons/Alexander Lütjen: 639; Wikimedia Commons/Alexandru.giurca: 207; Wikimedia Commons/Alma Pater: 291, 542; Wikimedia Commons/Andreas Praefcke: 264, 386; Wikimedia Commons/Andreas Trepte: 159; Wikimedia Commons/Andrei Stroe: 167, 313; Wikimedia Commons/Andrew Bossi: 684; Wikimedia Commons/Andrew Dunn: 579, 69; Wikimedia Commons/Andrew Norman: 558;

Wikimedia Commons/Andy Matthews: 638; Wikimedia Commons/AndyVolykhov: 314; Wikimedia Commons/AngMoKio: 621; Wikimedia Commons/anoniem: 372; Wikimedia Commons/Apdency: 569; Wikimedia Commons/Arnaud 25: 419; Wikimedia Commons/Arpingstone: 50; Wikimedia Commons/Astrotrain: 473; Wikimedia Commons/Avjoska: 543, 653, 658; Wikimedia Commons/Axel41: 300; Wikimedia Commons/AxelHH: 731; Wikimedia Commons/B. Cussenot: 296; Wikimedia Commons/B. Welleschik: 332; Wikimedia Commons/B25es: 35, 299; Wikimedia Commons/Bali22: 311; Wikimedia Commons/Barbara Bühler: 702; Wikimedia Commons/Bazi: 390; Wikimedia Commons/Beek100: 593, 660, 661, 663; Wikimedia Commons/Ben Skála: 325, 703; Wikimedia Commons/Benjamin Gilde/ZeroOne: 699; Wikimedia Commons/Bestalex: 428; Wikimedia Commons/Bildagentur Zolles: 586; Wikimedia Commons/Blork-mtl: 101; Wikimedia Commons/Bodoklecksel: 491; Wikimedia Commons/BotMultichill/Elekhh: 707; Wikimedia Commons/Brücke-Osteuropa: 448; Wikimedia Commons/Buchhändler: 2, 12; Wikimedia Commons/Bundesarchiv: 19, 97, 498; Wikimedia Commons/Calle Eklund/V-wolf: 506; Wikimedia Commons/Cancre: 274; Wikimedia Commons/Catalanus: 293; Wikimedia Commons/CédricGravelle: 54; Wikimedia Commons/che: 392, 646; Wikimedia Commons/China_Crisis: 202, 322; Wikimedia Commons/Chosovi: 643; Wikimedia Commons/Chris Hartford: 111; Wikimedia Commons/Christian Bickel: 103; Wikimedia Commons/Christian Lylloff: 403; Wikimedia Commons/Chrizz: 307; Wikimedia Commons/Clemens Pfeiffer: 53; Wikimedia Commons/Colin Rose: 201; Wikimedia Commons/Crapai: 520; Wikimedia Commons/Daniel Fišer: 231; Wikimedia Commons/Daniel Ullrich: 519; Wikimedia Commons/dave souza: 33; Wikimedia Commons/David Bjorgen: 580; Wikimedia Commons/David Monniaux: 100; Wikimedia Commons/Ddalbiez/antmoose: 117; Wikimedia Commons/docmo: 606; Wikimedia Commons/dontworry: 30; Wikimedia Commons/Duccio Malagamba: 716; Wikimedia Commons/Dungodung: 642; Wikimedia Commons/Einstein2: 530; Wikimedia Commons/Ejdzej: 211; Wikimedia Commons/Emgorio: 696; Wikimedia Commons/Emilio García: 687; Wikimedia Commons/EnDumEn: 290; Wikimedia Commons/Enslin: 345; Wikimedia Commons/Epfll Alain Herzog: 714; Wikimedia Commons/Erik Christensen: 631; Wikimedia Commons/Eriksw: 355; Wikimedia Commons/Estevoaei: 369; Wikimedia Commons/Euchiasmus: 281; Wikimedia Commons/Eurobas: 287; Wikimedia Commons/EvgenyGenkin: 361; Wikimedia Commons/Ex13: 373; Wikimedia Commons/F.Eveleens: 383; Wikimedia Commons/Feliciano Guimarães: 118; Wikimedia Commons/Flickr/Jean-Pierre Dalbéra: 29;

226

Commons/Perlblau: 622; Wikimedia Commons/Peter Gerstbach: 120; Wikimedia Commons/Peter H: 666; Wikimedia Commons/Petr Šmerkl: 108; Wikimedia Commons/Philippe de Chabot: 241; Wikimedia Commons/Pier Luigi Mora: 209; Wikimedia Commons/Pimvantend: 384; Wikimedia Commons/Piotr VaGla Waglowski: 539; Wikimedia Commons/Pixi: 441; Wikimedia Commons/Pline: 326; Wikimedia Commons/Podzemnik: 436; Wikimedia Commons/Port(u*o)s: 60, 255, 708; Wikimedia Commons/Prazak: 303; Wikimedia Commons/Qrtan: 503; Wikimedia Commons/Rabanus Flavus: 610; Wikimedia Commons/Radomil: 486; Wikimedia Commons/Raimond Spekking: 664; Wikimedia Commons/Ralf Roletschek: 627; Wikimedia Commons/Rama: 38, 247; Wikimedia Commons/Remi Jouan: 294; Wikimedia Commons/Richard Bartz: 694; Wikimedia Commons/Roberta F: 657; Wikimedia Commons/Roccodm / derivative work: DMS: 480; Wikimedia Commons/Roland zh: 471; Wikimedia Commons/Roman Frei: 153; Wikimedia Commons/Roman Horník: 437; Wikimedia Commons/Roman Klementschitz: 324; Wikimedia Commons/Ronald: 682; Wikimedia Commons/Rüdiger Wölk: 170, 662; Wikimedia Commons/RudolfSimon: 693; Wikimedia Commons/Rufus46: 497, 499; Wikimedia Commons/Russ London: 456; Wikimedia Commons/Russ McGinn: 688; Wikimedia Commons/S. Kaste: 620; Wikimedia Commons/saiko: 458; Wikimedia Commons/Schlaier: 640; Wikimedia Commons/Schwiebi: 334; Wikimedia Commons/Scythian: 310; Wikimedia Commons/Sebastian F: 165, 564; Wikimedia Commons/seier+seier: 182, 344, 349, 454, 476, 505, 512, 522, 734, 735; Wikimedia Commons/Sergei Arssenev: 382; Wikimedia Commons/sfu: 594; Wikimedia Commons/shakko: 131; Wikimedia Commons/Shaqspeare: 259, 528; Wikimedia Commons/Silja91: 675; Wikimedia Commons/Simon Hookey: 410; Wikimedia Commons/Simonma: 376; Wikimedia Commons/Skopp: 356; Wikimedia Commons/Solipsist: 574; Wikimedia Commons/Stefan Wagner: 446; Wikimedia Commons/Stevanb: 545; Wikimedia Commons/Steve Cadman: 286, 435; Wikimedia Commons/Steve Fareham, uzzytnth3/Graeme: 720; Wikimedia Commons/Störfix: 224; Wikimedia Commons/Studio Daniel Libeskind: 685; Wikimedia Commons/Subaru2009: 726; Wikimedia Commons/Sunil060902: 453, 457, 459; Wikimedia Commons/Suradnik13: 52; Wikimedia Commons/Szczebrzeszynski 82, 83, 84, 538; Wikimedia Commons/T.C. Büyük Millet Meclisi: 151; Wikimedia Commons/Tage Olsin: 166; Wikimedia Commons/Tamas Szabo: 388; Wikimedia Commons/tato grasso: 223; Wikimedia Commons/Taxiarchos228: 730; Wikimedia Commons/Teachershouse: 692; Wikimedia Commons/The Voice of Hassocks: 188; Wikimedia Commons/Thomas Mies: 667; Wikimedia Commons/

Thomas Steiner: 221; Wikimedia Commons/Thomas von Arx: 722; Wikimedia Commons/Thomas: 371; Wikimedia Commons/Tiago João Guia Borlido: 725; Wikimedia Commons/Tilemahos Efthimiadis: 698; Wikimedia Commons/Tim Walker: 510; Wikimedia Commons/Tobias Alt: 641; Wikimedia Commons/Tocsek48: 616; Wikimedia Commons/Toffel: 305; Wikimedia Commons/TomKidd: 288; Wikimedia Commons/Tony Hall: 194; Wikimedia Commons/Tornad/Snowmanradio: 494; Wikimedia Commons/Tournesol: 541; Wikimedia Commons/Traveler100: 347; Wikimedia Commons/trialsanerons: 278; Wikimedia Commons/TTKK: 463; Wikimedia Commons/Udo Schröter: 319; Wikimedia Commons/Umnik: 577; Wikimedia Commons/Valueyou: 245; Wikimedia Commons/Väsk: 711; Wikimedia Commons/Vestri Fund: 135; Wikimedia Commons/Viktor Markovic: 585; Wikimedia Commons/Vladimir Tomilov: 358; Wikimedia Commons/Voytek S: 432; Wikimedia Commons/Wikifrits: 37, 637, 677; Wikimedia Commons/Wladyslaw: 555, 728; Wikimedia Commons/Wouter Hagens: 105, 492; Wikimedia Commons/Yann Forget: 460; Wikimedia Commons/Year of the dragon: 41, 308, 706; Wikimedia Commons/Yerpo: 650; Wikimedia Commons/Zacharias L.: 348; Wikimedia Commons/Zache: 464; Wikimedia Commons/zakgollop: 670; Wikimedia Commons/Ziga: 249, 430, 647; Wikimedia Commons/Ziko van Dijk: 122; Wikimedia Commons/Zindox: 114; Wikimedia Commons/ZioNicco: 532; Wikimedia Commons/Ziyalistix: 704; www.365dagenhay.nl: 617; www.belgraded.com: 85; www.budapestmodern.org: 234; www.defifee.com: 177; www.historiasztuki.com.pl: 193; www.nationalbanken.dk: 472; www.szecesszio.com: 244; Zachwatowicz, Jan, *Architektura Polska*, Warsaw (Arkady) 1966: 81, 214, 482; Zohlen, Gerwin (red.), *Rudolf Fränkel. Die Gartenstadt Atlantic und Berlin*. Sulgen (Niggli), 2006: 216.

插图出处

索引

229

231

232

233

234

235

238

239